生态环境保护与监测技术应用

吴　欢　李庚辰　许紫娟　著

中国民族文化出版社

北京

图书在版编目（ＣＩＰ）数据

生态环境保护与监测技术应用 / 吴欢，李庚辰，许紫娟著 . -- 北京 : 中国民族文化出版社有限公司，2024.5（2025.6 重印）

ISBN 978-7-5122-1870-3

Ⅰ.①生… Ⅱ.①吴… ②李… ③许… Ⅲ.①环境监测—研究②生态环境保护—研究 Ⅳ.① X8 ② X171.4

中国国家版本馆 CIP 数据核字 (2024) 第 085187 号

生态环境保护与监测技术应用
SHENGTAI HUANJING BAOHU YU JIANCE JISHU YINGYONG

作　　者：吴　欢　李庚辰　许紫娟

责任编辑：张　宇

装帧设计：刘梦杏

责任校对：杨　仙

出　　版：中国民族文化出版社

地　　址：北京市东城区和平里北街 14 号（100013）

发　　行：010-64211754　84250639

印　　刷：三河市同力彩印有限公司

开　　本：787mm×1092mm　1/16

印　　张：8.25

字　　数：145 千字

版　　次：2024 年 5 月第 1 版

印　　次：2025 年 6 月第 2 次印刷

标准书号：ISBN 978-7-5122-1870-3

定　　价：48.00 元

前　言

　　随着中国经济的不断发展，人们对各类生态系统开发利用的规模和强度越来越大，对自然生态系统造成了深远影响，甚至造成了不可逆转的破坏，严重影响了生态系统及社会经济的可持续发展。近年来，国家在生态保护方面的努力和投入逐年加大，取得了积极成效，但生态系统本身的复杂性、综合性、区域性特点，使得整体生态环境状况和变化趋势不够清晰，缺乏针对性。因此，必须从生态系统管理的角度开展生态环境监测工作，研究生态环境的自然变化以及受到人为干扰后的变化规律，分析产生问题的自然事件或人为活动及过程，才能为区域生态环境保护和管理决策提供有力的技术支撑，有针对性地进行生态环境保护，不断提高生态文明水平。

　　在环境监测的指引下，人们可以及时了解环境质量及其污染程度，从而得出准确的环境变化数据，以便预测出未来环境污染的大致趋势和后果，并提出有效的环境保护措施。由此可见，在保护生态环境的过程中，环境监测起到了至关重要的作用。但伴随着环境保护的持续增强和环境监测专业技术的快速更新，有关部门需要积极采取发展措施，以进一步做好环境监测，从而更好地保护大自然，改善环境质量，促进全社会的可持续发展。

　　在本书写作的过程中，我们得到了很多宝贵的建议，谨在此表示感谢；同时参阅了大量的相关著作和文献，在参考文献中未能一一列出，在此向相关著作和文献的作者表示诚挚的感谢和敬意，同时也请读者对写作工作中的不周之处予以谅解。由于作者水平有限、写作时间仓促，书中难免会有疏漏不妥之处，恳请专家、同行不吝批评指正。

目 录

第一章　生态环境概述 ··· 1

　第一节　生态学基础 ·· 1

　第二节　生物的多样性 ··· 6

　第三节　环境与资源 ··· 11

第二章　生态环境的保护 ·· 18

　第一节　自然资源保护 ·· 18

　第二节　农业生态保护 ·· 28

　第三节　城市生态保护 ·· 36

第三章　环境监测的实施 ·· 46

　第一节　水质监测 ·· 46

　第二节　大气监测 ·· 70

　第三节　土壤监测 ·· 79

第四章　生态监测技术 ·· 93

　第一节　生态监测理论 ·· 93

　第二节　大气污染与水污染生态监测 ··································· 99

　第三节　生态系统服务功能与评价 ······························· 106

结束语 ··· 123

参考文献 ·· 125

第一章　生态环境概述

第一节　生态学基础

一、生态系统的结构、功能

(一) 生态系统的结构

生态系统的结构可以从两个方面进行分析。一是形态结构。例如生物种类、种群数量、种群的空间格局、种群的时间变化，以及群落的垂直和水平结构等。形态结构与植物群落的结构特征相一致，外加土壤、大气中非生物成分以及消费者、分解者的形态结构。二是营养结构。它是一个将生物因素与非生物因素紧密连接的功能单元，主要由生产者、消费者和分解者这三大功能类群构成。这些类群在与环境的物质循环和能量流动中扮演着关键角色。

(二) 生态系统的功能

1. 生物生产

生态系统中的生物，能够不断吸收并转化环境中的物质和能量，形成新的物质和能量形式，这一过程促进了物质和能量的积累，从而保证了生命的持续和增长。这个过程被称为生物生产，主要包括初级生产和次级生产两个阶段。初级生产主要是绿色植物通过光合作用进行能量转换和物质积累的过程，这些植物被称为初级生产者，它们是生态系统中能量储存的基础。虽然绿色植物对光能的转化效率并不高，但它们所积累的能量仍然是巨大的。据估计，地球上每年通过光合作用产生的有机物质总量大约为 1.62×10^{11} t，相当于 2.87×10^{18} J 能量。次级生产是指消费者或分解者对初级生产者产生的有机物及其储存的能量进行再生产和再利用的过程，因此，消费者和分解者被视为次级生产者。在转化初级生产物的过程中，次级生产者无法将所有能量转化为新的次级生产能量，大部分能量在转化过程中会被损耗，只有一小部分能量被用于自身储存，并通过食物链传递到下一个营养级，直到这些能量最终被消耗殆尽。

2. 物质循环

在生态系统中，物质循环指的是有机物经过分解者的作用，转化为可供生产者利用的形态，再返回环境中循环使用的过程。这一循环可以细分为生物小循环和生物地球化学大循环。前者是生物与其周边环境间的物质交换，特点是循环速度快、周期短，主要通过生物对营养元素的摄取、存储和释放来实现。相比之下，后者范围更广，周期更长，影响更深远。由于大多数生态系统均与外部环境相互关联，其中存在物质输入和输出，因此生物小循环是不封闭的，它受到另一类范围更广的地球化学大循环影响。这两种循环相互依存，相互制约，小循环嵌入大循环之中，而大循环亦离不开小循环，两者相辅相成，构成整个生物地球化学循环。

3. 信息传递

在生态系统中，不同组成部分之间以及各组成部分内部，存在着广泛而多样的信息交换。这些信息将生态系统紧密联系成一个有机的整体。在生态系统中的信息主要包括营养信息、化学信息、物理信息和行为信息。生态系统的功能不仅体现在生物的生产活动、能量流动和物质循环中，还表现在系统内各生命要素间的信息交流中。生态系统包含的信息类型众多，可以大致分为物理信息、化学信息、行为信息和营养信息等。

4. 能量流动

地球上一切生命活动都包含能量的利用，这些能量均来自太阳。地球可获取的太阳能约占太阳输出总能量的二十亿分之一，到达地球大气层的太阳能是每分钟每平方厘米8.12J，其中约34%被反射回去，20%被大气吸收，只有46%左右能到达地表，而真正能被绿色植物利用的只占辐射到地面的太阳能的1%左右。当太阳能进入生态系统，首先被植物通过光合作用转化为储存于有机物中的化学能。随后，这些能量沿着食物链从一个营养级传递到另一个营养级，依次转移至草食动物、肉食动物，最终到达顶级捕食者。植物及各营养级消费者的遗体及代谢产物由分解者分解，其中储存的能

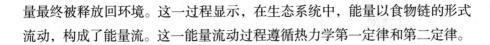

量最终被释放回环境。这一过程显示，在生态系统中，能量以食物链的形式流动，构成了能量流。这一能量流动过程遵循热力学第一定律和第二定律。

二、食物链

在生物间的相互作用和能量流动中，食物链可划分为以下三种主要类型。

（一）捕食链

捕食链是生物物种间通过捕食关系而形成的食物链，典型的例子包括草→兔→狐这样的序列。此类食物链始于生产者，终结于顶级捕食者。在这种链中，生产者始终占据第一营养级的位置，而营养链的级别通常不会超过五级。每一个消费者的营养级别等同于其所在食物链的级别减一。通常，人类不被纳入此类营养链进行分析。

（二）寄生链

寄生链是生物体以寄生方式而形成的食物链，例如鸟类→跳蚤→原生动物→细菌→过滤性病毒。在此寄生链中，各类寄生体相互依存，形成复杂的相互作用网络。

（三）腐生链

腐生链是专以动植物遗体为食物而形成的食物链，例如植物残体→蚯蚓→线虫→节肢动物。这种链条上的生物主要依赖死亡或腐烂的有机物质生存。

捕食链是生态系统中重要的能量流动模式，其构成至少包含三个营养级，并始终以生产者作为起点。由于分解者专门处理腐生活动，它们不参与捕食链的构成。在生态系统中，食物和营养关系构成了所谓的营养结构，其中每个环节被称为一个营养级。作为食物链的基础，生产者占据第一营养级，而初级消费者如植食性动物属于第二营养级。但对于肉食性动物，尤其是大型肉食性动物而言，它们所处的营养级可能会变动。例如，猫头鹰在捕食初级消费者如鼠类时属于第三营养级，而捕食次级消费者如黄鼬时则属于第四营养级。

三、食物网

食物网形象地反映了生态系统内各生物有机体的营养位置和相互关系。生物正是通过食物网发生直接或间接的联系，以保持生态系统结构和功能的相对稳定。

在复杂的食物网构造中，生态系统具有较强的稳定性和适应性。这意味着，即使某一物种从生态系统中消失，也不会立即引发整个系统的紊乱。相比之下，简单的食物网结构中，每一物种——尤其是那些在生态功能上起着关键作用的物种——的消失或遭受重创，都可能导致系统遭受严重的，甚至是灾难性的影响。例如，在苔原生态系统中，地衣作为食物链的基础组成部分，若因大气污染（如二氧化硫含量超标）而大量死亡，那么整个生态系统的平衡就会被破坏，从而引起一系列连锁反应。

四、生态平衡及调节

(一) 生态平衡

生态系统之所以能够维持相对稳定或动态平衡，是由生态学的基本规律决定的。

1. 相互依存与相互制约规律

相互依存与相互制约，反映生物间的协调关系，是构成生物群落的基础。生物间的这种协调关系，主要分为两类。

①普遍的依存与制约，即"物物相关"原则。同一生态特性的生物共享适合的小生境，从而形成生物群落或生态系统。在此系统中，同种及异种生物（系统的各个部分）间都维持着相互依赖与制约的关系。此外，不同的群落或系统间也存在这样的关系。

②"食物"为媒介的相互联系与制约，又称为"相生相克法则"。具体体现在食物链和食物网中，每种生物在其中都有特定的位置和作用。种群之间的相互依赖、相互制约和共同进化构成了生态平衡的基础。捕食者和被捕食者间的相互依赖关系，促进了生态系统或群落成为一个协调统一的整体。

2. 物质循环转化与再生规律

在生态系统中，植物、动物、微生物与非生物组成部分通过能量流动，持续地吸收并合成新物质，同时分解成简单物质进行"再生"。这种循环确保了物质的持续流转。因此，防止有毒物质进入生态系统至关重要，须避免其在多次循环后累积到危害人类的程度。

3. 物质输入输出的动态平衡规律

物质输入输出平衡法则，即生态协调稳定法则，涉及生物、环境与生态系统三个层面。在未受人类活动干扰的自然生态系统中，生物与环境之间的输入与输出形成相互对立的关系。生物体从环境中摄取物质，同时向环境排放物质，以此补偿环境损失。在稳定的生态系统中，物质的输入与输出始终保持平衡，这对生物、环境和整个生态系统都至关重要。

4. 生物与环境相互适应与补偿的协同进化规律

生物与环境之间存在着一种动态的相互作用和反作用过程。生物对环境产生影响，反之，环境亦对生物产生影响。例如，植物从环境中吸收水分和营养素，这一过程与土壤属性、溶解性营养元素含量及环境提供的水量等因素密切相关。同时，生物体通过其排泄物和遗骸将大量水分和营养物质返还给环境，促进了协同进化。

5. 环境资源的有效极限规律

生物赖以生存的环境资源，在质量、数量、空间和时间等方面都受到一定的限制，无法无限提供。因此，任何生态系统的生物生产力均有其上限。当外部干扰超过生态系统的容忍阈值时，生态系统可能遭受损害、破坏，甚至解体。例如，放牧的强度不应超过草地的承载能力；在采伐森林、捕鱼、狩猎或采集药材时，不应超出资源的可持续利用量；在保护特定物种时，必须提供充足的生存和繁殖空间；排污时，排放量不应超过环境的自净能力。

(二) 生态平衡的调节

生态系统平衡的调节主要通过反馈机制和稳定性实现。

1. 反馈机制

反馈分为正反馈和负反馈。正反馈会使系统偏离平衡状态，无法维持稳态。例如，生物生长、种群数量的增加都是正反馈现象。为维持系统稳态，必须依赖负反馈机制，即系统的输出决定其未来功能的输入。在种群数量调节中，密度依赖性制约就是负反馈机制的一个体现。负反馈的作用在于通过系统内部的调节来减少压力，以保持系统的稳定。

2. 稳定性

稳定性包括抵抗力和恢复力。抵抗力指的是生态系统在维持其结构和功能的原始状态时所展现的抗干扰能力；而恢复力则是指生态系统在遭受外部干扰后，恢复到原始状态的能力。

第二节　生物的多样性

一、生物多样性的内涵

生物多样性是指地球上存在丰富的生物类型，各个生物种类之间相互依存且互相制约，维持着自然生态系统和食物链的动态平衡和稳定，从而使得各种生物能够在不断变化的环境中长期存活和持续发展。生物多样性主要包括基因（遗传资源）多样性、物种多样性、生态系统多样性和景观多样性这四个重要层面。保护生物多样性的核心在于维护生态系统和自然环境，确保各物种群体在自然环境中的活力，以及遗传资源的保全。但是，人类活动的扩大和对自然资源的过度利用正对生物多样性构成严重威胁。众多物种已经灭绝或濒临灭绝，这不仅是对生物多样性的破坏，而且是对人类生存环境的严重威胁。因此，保护生物多样性不仅是对生态负责，更是对未来负责。

二、生物圈

地球上的生物在地球物质循环和能量交换过程中起着特别重要的作用。生物圈包括地球上所有生命体及其生活环境。生命分布的上限可达 15～20km 高空，海底有机质可达到 10km 深处。陆地上在美国密西西比地区 7.5km 深的钻孔中发现生活细菌，但绝大部分生物生存于陆地上和海面之下约 100m 的范围。生物圈的形成是生物、水圈、大气圈和岩石圈（也称作土圈）长期相互影响和作用的结果。生物圈之所以能持续存在，是因为它满足了三个关键条件：一是获得充足的太阳能，为地球上的生命提供了基础能量；二是拥有大量可被生命体利用的液态水，几乎所有生物体都富含水分，没有水则无法维持生命；三是具备适宜生命活动的温度条件。

生物圈提供生命物质所需要的营养物质，包括氧气、二氧化碳以及氮、钾、钙、铁、硫等矿质营养元素，它们是生命物质的组成，并参与各种生理过程。此外，还有许多环境条件（如风、水的含盐浓度等）也对生物产生影响作用。这些可总称为生态条件。在最适宜的条件下，生命活动促进能量的流动和物质循环，并引起生命活动发生种种变化。生物圈中所有物种，包括人类、动物、植物和微生物，都在积极参与与环境的物质和能量交换，以满足自身的生存需求，并适应不断变化的生态条件。为了获取必需的营养和能量，生物必须采取一系列适应策略，从环境中获取所需资源，从而满足其基本生命活动，同时将代谢产物排放回环境。这种生物与环境的互动推动生物界不断进化，形成了一个动态的生态系统。从地球生命历史来看，人类在地球生命史中占据的时间非常短暂。在人类发展农业生产之前，人类对生物圈的影响几乎微不足道。但随着人类文明的发展，我们对生物圈产生了越来越深远的影响。因此，理解生物圈的构成和功能，对于我们更好地保护和利用地球资源至关重要。

三、生物多样性的意义

生物多样性构成了人类可持续发展的自然基础。在生物多样性的范畴内，生态系统的多样性不仅维持了生态系统中的基本能量和物质循环，还保障了物种的正常发育、进化以及其与环境间的生态学交互作用。这些过程共同保护了物种在其原生环境中的生存能力及其遗传变异度。因此，生态系统的多样性是维护物种多样性和遗传多样性的关键。

（一）物种多样性是人类基本生存需求的基础

人类的基本生存需求直接依赖农业、林业、牧业、渔业活动所获取的动植物资源。自农业兴起以来，人类不断依赖自然界的动植物资源以满足对食物、燃料和药材等的基本需求。在现代工业中，大量原料直接或间接来源于野生动植物，同时许多野生动植物已成为人类饮食的重要组成部分。

（二）遗传多样性是增加生物生产量和改善生物品质的源泉

人类利用野生动植物和微生物资源的同时，也在积极开展传统育种技术和现代基因工程，培育新品种，淘汰旧品种，以扩大农作物的适应性并提高生产力。这项技术不仅能提高农作物的遗传多样性，更有利于保障全球粮食安全和满足人类的基本生活需求，具有十分重要的战略意义。

（三）生态系统多样性是维持生态系统功能必不可少的条件

在一个生态系统中，不同的生物或群落通过占据各自的生态位和相互作用，共同维持着生态系统的基本能量流动和物质循环。生物多样性的丰富度直接影响着生态系统的能量利用效率、物质循环过程和方向、生物生产力，以及系统的恢复能力。生态系统多样性还在保持地球表层水分平衡、调节微气候、保护土壤以及控制沙漠化等方面发挥着至关重要的作用。

（四）景观多样性是指不同类型的景观多样化和变异性

景观多样性，作为生态学和环境规划中的关键概念，揭示了自然和人造环境中各类景观元素的多元化和变异特性。这一概念深刻地反映了在广阔宏观环境中，多种互动景观元素所构成的区域的空间异质性。在细分景观元素时，我们可以根据其形态将其归类为嵌块体、廊道和基质。嵌块体通常指自然或人造的地块，如森林、湖泊或城市公园；廊道则指连接不同区域的线性元素，如河流、绿道；基质则是主导景观的主体，如城市地区或农田。这些元素在大小、形状、数量及类型上的不同，造就了景观的高度异质性。景观的异质性对生态多样性的影响是多方面的，它不仅影响物种分布和生存环境，还间接影响生态系统的功能和稳定性。例如，景观的异质性可以降低某些稀有内陆物种的数量，这可能是生境破碎化导致的生境丧失。同时，这种异质性也可能增加其依赖多种景观元素边缘的物种的数量，因为边缘地带通常提供更多的资源和栖息地类型。景观的这种动态变化主要受到自然干扰、人类活动及植被演替或波动的影响。自然干扰如火灾、洪水等可以改变景观的结构和组成；而人类活动，如城市化、农业扩张等，则对景观产生深远的影响。植被的演替或波动，如森林的生长和衰退，也是影响景观多样性的重要因素。

四、生物多样性的保护

(一) 不断强化和增强人们的生物多样性保护意识，促进公众的广泛参与

实现生物多样性保护的目标，关键在于公众行为模式和参与度。其中，观念和意识的作用尤为关键。当前，生物多样性保护领域面临的挑战主要源于公众保护意识的缺乏。因此，在首要任务中，增强公众的生物多样性保护意识非常重要。为此，应通过多种途径进行教育和宣传，深入阐释生物多样性保护与可持续发展之间的关联，以激发公众广泛而有效地参与生物多样性保护，同时构建强大的社会基础来支持生物多样性保护。

(二) 建立和完善生物多样性保护的法律体系和政策体系

健全的生物多样性保护法律和政策体系是保护工作的基石和依托。尽管现行法规和政策对生物多样性保护做出了具体规定，并产生了积极效果，但仍存在不协调之处。因此，迫切需要构建和完善一套综合性的法律和政策体系。法律体系应更加明确地规定生物资源的所有权、经营权和监管等问题；政策体系则应反映保护与开发、局部与整体、短期与长期等方面的协调原则。国家的发展规划中应充分体现生物多样性的保护和持续利用原则。只有这样，才能确保生物多样性保护工作的有效推进。

(三) 完善生物多样性保护的管理体系

生物多样性保护依赖高效的管理体制，包括建立全面的管理和监督检查制度。各级政府和相关部门应设立专责机构或指定专人负责此项工作。国家应定期组织这些负责人共同参加会议，以打破地区和部门间的界限，共同研究和制定我国生物多样性保护的战略与对策，并检查策略的实施情况，解决实施过程中出现的新问题，从而建立协调一致的管理体系。地方政府和相关部门也应定期举行类似活动。同时，应采取措施提升管理人员的专业素质和管理能力，确保管理体系的有效运作。

（四）大力加强生物多样性保护中科学技术支持能力的建设

科学技术对于生物多样性保护至关重要。高水平的科学技术支持是实现生物多样性保护目标的前提。科学技术的持续发展不仅能提高生物多样性管理的效率，还能加深我们对人与自然关系的理解，从而扩大自然资源的可利用范围和数量，提高自然资源的利用效率和经济价值。这些对于解决人口增长、经济发展与资源限制的矛盾，拓展环境容量，提高生活质量，促进可持续发展等至关重要。因此，我们需从多方面加强生物多样性的科学技术能力，逐步构建一个完善且高效的生物多样性保护科技体系和人才队伍。

（五）就地保护野生物种及其生态系统，加强自然保护区的建设和管理

针对面临严重威胁的物种和生态系统，我们应采取措施进行原地保护，以保障其生物多样性的持续。栖息地丧失或改变是导致物种濒临灭绝或者灭绝的主要原因之一。因此，建立自然保护区是保护物种及其栖息地、生态系统的基本和有效手段。我国已有近千个各类自然保护区，在保护生物多样性方面发挥了重要作用。但为满足当前的保护需求，我们必须进一步增设保护区或扩大现有保护区的范围，逐步建立一个类型齐全、布局合理、面积适宜的自然保护区网络。同时，我们也需不断提升保护区的管理水平和手段，发挥其多重功能。

（六）加强重要物种及其遗传资源的迁地保护

需要系统规划和协调迁地保护机构的工作，重点对一些极度濒危物种进行抢救。如提升动植物园、水族馆、种子库等迁地保护机构的管理水平，推动这些机构与科研机构合作，增强它们在生物多样性保护中的作用和功能，从而建立一个高效的全国性迁地保护网络。

（七）综合利用土地资源，防治环境污染

利用经济杠杆和产业政策，促进多元化经营和就业结构的调整。建立一个促进生物资源持续利用的经济体系，实现生物资源增殖、保护和开发利用的一体化，形成规模化产业，提高生物资源的利用效益。实施有益于环境的土

地管理政策，恢复和维护生态系统的结构、功能和生产力，减少环境污染对生物多样性的影响，实现资源的持续利用和生态、经济、社会效益的统一。

(八) 建立国家统一的生物多样性保护监测网络和信息系统

依据我国生物多样性的区域划分成果，应用前沿技术与方法，深入完善并构建一个统一的全国生物多样性监测网络。在此基础上，建立国家生物多样性保护信息系统。该系统将使我们能够及时掌握生物多样性的动态变化和预测其发展趋势，为政策制定者、管理人员及相关工作人员提供准确的信息支持。此外，该系统还将促进国内外生物多样性信息的广泛交流和共享。

(九) 为生物多样性保护建立可靠的财政机制

资金的确保是生物多样性保护工作顺利进行的关键因素之一。应采取相应措施，将生物多样性保护所需的资金纳入国家及地方政府的财政预算中，并征收资源开发利用的补偿费用。其基本原则为"资源的开发者承担保护的资金责任"。在工程建设和开发过程中，应重视生态保护和恢复，并落实相关的生物多样性保护措施和资金。同时，积极争取国际援助、民间捐赠，并设立专项生物多样性保护基金。

第三节 环境与资源

一、能源及其对环境的影响

(一) 能量生产与环境污染

1. 电能生产与热污染

火力发电的基本原理是利用燃烧矿物燃料（如煤炭、石油）加热水，产生高温高压蒸汽。该蒸汽驱动汽轮机高速旋转，进而带动发电机，转化为电能。通过变压器及高压输电线路向用户供电。在此过程中，汽轮机排出的废热蒸汽可通过冷却器冷却并循环使用。然而，冷却器中的冷却水温度升高后排放至河流或其他水体，将导致热污染。

2. 火力发电站对环境的影响

火力发电主要依赖燃烧煤炭、石油或天然气等矿物燃料。煤炭和石油的燃烧是能源污染的主要来源之一。在燃烧煤炭时，主要排放烟尘和二氧化硫；燃烧石油时，主要排放二氧化硫和二氧化氮；燃烧天然气时，则主要排放二氧化氮。

3. 核能发电与环境

核能发电利用铀 -235 或钚 -239 等放射性元素，在中子轰击下发生裂变，释放核能，并将水加热成蒸汽，以驱动汽轮机——发电机组产生电能。核电站的核心部分——反应堆，相当于传统火力发电站的"锅炉"。其优势在于无烟尘、无粉煤灰、无漏油等传统污染物排放。然而，核电站存在放射性污染风险，尤其是管理反应堆产生的放射性废物，因此防止其进入生态环境至关重要。

（二）新能源的开发

1. 太阳能

太阳能是一种清洁、可再生的能源，来源于太阳的辐射能。当太阳光照射到物体上时，其能量转换为热能，这一现象证明太阳光具有能量。太阳辐射能是地球上最主要的能源之一，其特点在于资源量巨大、无污染且可持续利用。太阳能的应用包括太阳能发电、太阳能热水器等，其应用范围广泛，对促进可持续能源发展具有重要意义。

2. 生物能源沼气的利用

沼气是一种由有机物质厌氧发酵而产生的混合气体，主要成分包括甲烷、二氧化碳和氮气。其具有较高的热值，可用作烹饪、照明的燃料，亦可驱动内燃机和发电机。沼气的燃烧产物主要为二氧化碳和水，不会增加空气中有害物质的含量，无灰尘和废渣排放，对环境和人体健康无害。因此，沼气在解决农村能源消费问题、保护环境及维持生态平衡方面具有显著意义。

3. 核聚变能

核聚变是一种高效的能源转换过程，相比核裂变，其放射性问题较轻。氘—氚聚变反应的热效率为 50% ~ 60%，意味着其热污染相对较低。核聚变能源被认为是未来能源的一种潜在形式，尤其在发电领域。核聚变反应所需的原料（如氘和氚）在自然界中较为丰富，环境污染问题也较轻。然而，要使核聚变发电达到实用阶段，仍需长期的科学研究和技术创新。

4. 地热能源

地热能源有三种形式，即干蒸汽、温蒸汽和热水，其中干蒸汽利用最好。干蒸汽，尤其是温度超过150℃的高温地热田，是最有效的地热能源形式，适合直接用于发电。全球已发现的主要干蒸汽区包括美国加利福尼亚州的盖塞斯间歇泉区、意大利北部的拉德雷洛、新墨西哥州的克尔德拉，以及日本的两个地区。与干蒸汽相比，湿蒸汽田的储量更为丰富，温度范围在90℃~150℃，属于中温地热田。中国是一个地热资源丰富的国家，已发现的温泉和热水点接近2500处，分布遍及全国，其中多数温泉群和温泉点的温度超过60℃，个别地区甚至达到100℃~140℃。

5. 其他能源

氢能，也称为氢燃料，是一种高效的清洁能源。氢气作为燃料，具有多方面的优势：其燃烧产生的热量是同重量含碳燃料的4倍，且氢可以从水中廉价提取，燃烧后生成物也是水，实现了能源的循环利用，对环境无污染。目前，液态氢主要应用于火箭发射燃料。潮汐能是由海岸潮汐震荡流动产生的能量，包括垂直的上升和下降运动，以及水平的涨潮和退潮运动。最适合开发潮汐能的地点包括海湾、海峡和河口地区，通过建筑水坝或围截盆地出口，利用潮差（一般达10米以上）发电。风能是一种古老的能源形式，历史上主要用于航海和灌溉。随着技术的发展和对减少环境污染的需求，风能的利用正在经历新一轮的发展，逐渐成为可持续能源的重要组成部分。

二、矿产资源及其对环境的影响

（一）矿产资源的消耗

矿产资源，通常被视为一种不可再生的自然资产，可以分为金属矿物和非金属矿物两大类。非金属矿物包括的种类十分广泛，按重量计最大量的一类是岩石、砂砾石、石膏和黏土类矿物，多作为建筑材料，来源较丰富，尚未出现短缺问题，非金属矿物中还包括含有氮、磷、钾三种元素的肥料矿物，对发展农业生产极为重要；金属矿物则包括黑色金属、有色金属、稀有金属等。一个国家的矿产资源消耗水平，往往是其经济富裕程度的重要指标，且矿物资源的使用与生活水平紧密相关。

(二)矿山开发与环境污染

1. 水污染

矿山活动，尤其是采矿和选矿过程，常导致地表水或地下水受到酸性物质、重金属和有毒元素的污染，形成所谓的矿山污水。这种污水严重威胁矿区附近的河流、土壤乃至整个水域生态系统，影响居民生活用水及农业、工业用水。当有毒元素和重金属进入食物链时，还可能对人类健康构成潜在风险。

2. 空气污染

露天采矿和地下开采过程中的钻孔、爆破活动，以及矿石和废石的装载、运输，都会产生大量粉尘。此外，废石堆放场的氧化作用和自然释放的有害气体，风化作用产生的细粒物质和粉尘，在干燥多风的气候条件下，可能引发尘暴，造成区域性的空气污染问题。

3. 地下开采造成地面塌陷及裂隙

在地下采矿过程中，一旦矿体被开采完毕，其所在的采场和坑道上方的地层将失去支撑力。这种支撑力的丧失会导致原有地层的内部平衡遭到破坏，结果是岩石的破裂和塌陷。这种地质活动导致地表下沉，形成塌陷坑和裂缝，以及其他不易察觉的地形变化。这些变化可直接破坏周边的环境，影响工业和农业生产，甚至可能对人类安全造成威胁。

4. 海洋矿产资源开发的污染

海洋矿产资源的开发带来的环境污染不仅限于陆地。目前，全球石油产量中相当一部分来自海底油田，且这一比例正在快速增长。油井的漏油、喷油事件，以及石油运输和精炼过程中不可避免的泄漏，均可导致环境污染的加剧。此外，未来海底将开采更多种类的矿物资源，特别是锰矿等，这些活动预计将对海洋环境带来显著的负面影响。

三、土地资源及其对环境的影响

在当今社会，土地资源的可持续利用成为维持生态平衡和推动经济发展的重要议题。其核心理念在于最大限度地减少对人类赖以生存的土地资源的破坏和退化，同时保持或增加资本储量，以此来促进人类生活质量的长期提升。这一目标旨在追求经济增长的最大化过程中，同步维护和提升土地资源的生产条件与环境基础。需要强调的是，土地作为社会生产的核心资本，其存量应随社会进步而保持不减，确保可持续性。在人口与土地关系的视角下，可持续利用意味着人口增长与土地资源的和谐共存，确保土地资源在生产能力和景观环境方面能够满足人类不断增长的生存、生产和社会活动需求。

人类的生存和发展与土地资源密切相关。一方面，土地资源在向人类提供生活物资、生活空间的同时，也在提供生产活动的原材料、生产活动场所。另一方面，人类的社会活动也对土地资源的状况、环境变化及其功能产生影响。在这种相互作用中，人与土地之间的物质、能量和信息交换不断进行。土地资源的供应能力受到自然、经济和社会等多方面因素的影响，自然因素为土地资源供应的基础，而经济和社会因素则是推动力，这两类因素相互依存，相互作用。因此，为了实现土地资源的可持续利用，必须综合考虑自然、经济和社会各方面因素，以不断提升土地资源的供应能力。

四、生物资源与环境的关系

(一) 森林环境资源

1. 热带森林环境

目前，全球热带森林正遭受史无前例的砍伐和破坏，这对生态多样性和环境平衡构成严重威胁。热带森林拥有地球上最丰富的生物多样性。众多研究机构报道，至少有 10 种热带森林植物被认为对癌症治疗具有潜在效用。例如，源自马达加斯加热带森林的长春花，已被用于制造两种在美国市场年销售额高达数亿美元的抗癌药物。科学研究还表明，至少有 3 种热带森林植物具备治疗艾滋病的潜力。

2. 我国森林环境资源

我国的森林资源不仅总量有限，而且其分布极不均衡，主要集中在我国的东部和西部的某些地区。在西北地区，某些省份的森林覆盖率甚至低于

3%。值得关注的是，尽管存在这些问题，一些地区的森林资源仍然面临着严重的破坏。乱砍滥伐、非法占用森林土地以及森林火灾的问题依然严峻，迫切需要采取有效措施加以遏制。

3. 我国人工林地衰退现状与对策

人工林地的地力衰退是一个全球性问题，直接影响着国土资源的有效利用、森林的可持续发展，同时构成了严重的生态环境问题。我国拥有世界上最大面积的人工林地，但由于树种选择、栽培制度、群落结构、粗放经营和连作等多种原因，导致了地力的显著衰退。这不仅导致我国人工林的质量日益下降，而且林地平均每公顷的蓄积量仅为 $31.78m^3$，其生产力还在持续下降。林地退化和消失已成为制约中国林业发展的重大问题。人工林地的衰退不仅导致森林质量降低，还引发了一系列环境问题，如森林病虫害日益严重、森林土壤养分流失、水土流失加剧以及生物多样性的下降。

（二）草原资源

我国是拥有较大草原面积和丰富资源的国家之一，草原总面积在世界排名第四。但是，由于过去盲目开荒毁草、过度放牧以及其他不合理的利用方式，加之鼠害、虫害等自然因素的影响，导致草原面积大幅减少，严重地退化、沙化和碱化。此外，草原质量也在持续下降。在占全国草原总面积84.4%的西部和北方地区，草原退化的问题尤为严重，退化草原的面积已超过全国草原总面积的75%，其中沙化问题最为突出。即使是被誉为"条件最佳的草原"之一的呼伦贝尔草原，近年来也出现了不同程度的退化、沙化和盐渍化现象。这些事实表明，为了持续利用草原资源，更好地发展畜牧业并保护草原上的野生动物，必须对草原资源进行合理的利用和保护。

（三）动植物资源

我国丰富的野生动植物资源，是国家自然遗产的重要组成部分。这些资源包括未经人工干预的动植物，几乎所有野生物种都以直接或间接的方式对人类社会产生重大影响，成为人类生产和生活中不可或缺的部分。科技和生产力的迅猛发展使得人类得以驯化和繁殖许多野生物种，从而逐步将这些动植物转换为可人工培育的品种。这些野生资源不仅为人类提供了丰富的原材料，而且是培育新品种、进行生物科学研究的基础。它们在生态系统中扮演着不可替代的角色。保护这些资源，意味着维护生态平衡和生物多样性。我国幅员辽阔，自然条件多种多样，有丰富的野生动植物资源，陆栖脊椎动物、鸟类、兽类以及鱼类等均十分丰富，特别是世界珍贵的动植物，例如大熊猫、金丝猴、扬子鳄、白鳍豚、银杉、银杏、金钱松等，这些丰富的动植物资源，是自然界给我们留下的宝贵财富，我们应该很好地珍惜它们。

第二章　生态环境的保护

第一节　自然资源保护

一、自然资源的分类

自然资源可以从不同的角度进行分类，以下是几种常见的分类方式：

(一) 按照更新速度分类

根据自然资源自身的更新速度，可以将其分为可更新资源(可再生资源)和不可更新资源(不可再生资源)。

可更新资源：这些资源在较短时间内可以再生或循环使用。例如，森林可以通过合理砍伐和重新种植实现再生。

不可更新资源：这些资源一旦被消耗，就无法再生。例如，矿产资源属于不可更新资源，因为它们不具备自我繁殖能力，开采一点就少一点。

(二) 按照权属性质分类

自然资源还可以从权属性质上分为专享资源和共享资源。

专享资源：这些资源由特定的个人、组织或国家独占使用。

共享资源：这些资源可供多个利益相关者共同使用，例如大气和海洋。

(三) 按照地理分布分类

根据地理分布，自然资源可以分为陆地资源、海洋资源和太空资源。

陆地资源：包括土地、土壤、矿产、生物和水资源等。

海洋资源：包括海洋生物、海底矿产和海洋能源等。

太空资源：包括太空矿物、太阳能和其他可能的太空资源。

(四) 按照自然形态分类

从自然形态的角度，自然资源可以分为土地与土壤资源、矿产资源、生物资源、水资源、能源资源等。

土地与土壤资源：包括耕地、林地、草地等。

矿产资源：包括各种金属和非金属矿藏，如煤、铁、金、铜等。

生物资源：包括动植物资源，如森林、野生动植物等。

水资源：包括地表水和地下水。

能源资源：包括风能、太阳能、水能等可再生能源和化石燃料等非可再生能源。

(五) 按照经济用途分类

自然资源也可以根据其经济用途进行分类，如农业资源、渔业资源、林业资源、矿产资源等。

农业资源：包括适合种植各种农作物的土地和水资源。

渔业资源：包括海洋和淡水中的鱼类和其他水生生物。

林业资源：包括森林和木材资源。

矿产资源：包括各种金属和非金属矿藏。

二、自然资源的特点

第一，可用性。可用性是指可以被人们利用，这是自然资源的基本属性。自然资源通常有多种用途，也就是多功能性，自然资源的可用性与稀缺性有着极密切的关系。

第二，整体性。各种自然资源不是孤立存在的，而是相互联系、相互影响、相互制约的复杂系统。但在这个系统中，每种资源都可以彼此独立存在，都有其个性。

第三，空间分布的不均匀性和严格的区域性。各种自然资源在自然界中并不是均衡分布的，不同区域的自然资源组合和匹配都不一样，因地制宜是自然资源利用的一项基本原则。

另外，各种自然资源还有各自不同的特点，如生物资源的可再生性，水资源的可循环和可流动性，土地资源有生产能力和位置的固定性，气候资源具有明显的季候性，矿产资源具有不可更新性和隐含性等。

三、自然资源的保护

(一) 水资源保护

(1) 水质调查与评价

主要包括设立监测站网，选择分析化验指标，确定水体污染类型和污染程度等。

(2) 水体污染物质迁移、转化、降解和自净规律研究

主要研究污染物质在水体中存在形式与光照、温度、酸度、泥沙、水流状态等环境因子之间的关系，通过稀释、吸附、解吸、凝聚、络合、生物分解等物理、化学与生物作用所发生的降解自净过程的机理与规律，为建立水质动态模型、确定水环境容量、制定水环境保护法规与标准、进行水质规划、防止水体污染，提供科学依据。

(3) 水质模型研究

水质模型是定量化研究水体污染规律的重要手段，是水质规划、水质预测、水质预报的基础。它能揭示污染物质变化与河流、湖泊等水体的水文因子的关系。

(4) 水环境保护标准研究

水环境保护标准是控制与改善水环境的依据，主要包括水环境质量标准、排放标准和各类用水标准等。水环境保护标准分为国家级、行业级和地区级三个等级。

(5) 制订水质规划，提出水污染防治措施

根据水体条件、开发利用要求和排污情况，提出保护和治理规划以及各种治理工程的优化方案。

(6) 水质管理

包括水体污染源的管理和河流、湖泊等水体环境的管理。水体污染源管理是对污染源排放的污染物种类、数量、特性、浓度、时间、地点和方式进行有效的监督、监测与限制，对其污染治理给予技术上指导；水体环境管

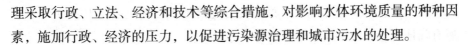

理采取行政、立法、经济和技术等综合措施，对影响水体环境质量的种种因素，施加行政、经济的压力，以促进污染源治理和城市污水的处理。

(7) 制定水法

水法是防止、控制和消除水污染，保障合理利用水资源的有力措施。我国先后颁布了《中华人民共和国水污染防治法》《中华人民共和国水法》《中华人民共和国环境保护法》，制定了《工业废水排放标准》和《地表水环境质量标准》等，使水资源保护工作逐步进入立法管理阶段。

世界各国水污染防治发展的特点是从局部治理发展为区域治理；从单项单源治理发展为综合防治，即把区域水资源丰度、利用状况、污染程度、净化处理和自然净化能力等因素进行综合考虑，以求得整体上的最优防治方案。

(二) 草原保护

1. 草原生态系统

(1) 草原生态系统的特点

草原生态系统所处地区的气候大陆性较强，降水量较少，年降水量一般在 250 ~ 450mm，而且变化幅度较大；蒸发量往往都超过降水量。另外，这些地区的晴朗天气多，太阳辐射总量较多，使草原生态系统各组分的构成上表现出了显著的特点：草原初级生产者的组成主体为草本植物，大都具有适应干旱气候的构造，如叶片缩小、有蜡层和毛层，以减少蒸腾和防止水分过度损耗；草原生态系统空间垂直结构通常分为三层，即草本层、地面层和根层，各层的结构比较简单，没有形成森林生态系统中那样复杂多样的小生境；草原生态系统的消费者主要是适宜奔跑的大型草食动物如野驴和黄羊，小型种类如草兔、蝗虫的数量很多，另外还有许多栖居洞穴的啮齿类，如田鼠、黄鼠、旱獭、鼠兔和鼢鼠等，肉食动物有沙狐、鼬和狼。肉食性的鸟类有鹰、隼和鹞等，除此之外的鸟类主要是云雀、百灵、毛腿沙鸡和鸸鹋，它们之中有的栖居于穴洞之中。

从总体情况看，草原生态系统的物种多样性远不如森林生态系统，但其食物网的结构也很复杂。对光能的利用率不如森林生态系统高，通常为 0.1% ~ 1.4%。草原生态系统的净初级生产力中，地下部分的生物量所占的比例较大，我国草原净初级生产力的分配是地下与地上之比为2.29∶1，在所有陆地生态系统中属于中等或中下等水平。

（2）草原生态系统的作用

草原生态系统是将太阳能转化为化学能的绿色能源库。草原上的植物比较矮小，群落结构较为简单，单位面积的植被利用太阳能形成的有机物不如森林多。但是，由于草原植被植株矮小，呼吸消耗的有机物少，可供动物和微生物利用的有机物还是很多的。此外，由于草原的面积广阔，每年固定的太阳能总量更为可观。因此，草原生态系统在生物圈的物质循环和能量流动中，同样起着非常重要的作用。

2.我国草原保护的对策

（1）实行科学管理

草原生态系统遭受破坏的主要原因之一，是我国大部分草原长期以来缺乏科学的、有效的管理措施，尚处于原始的牧草自生自灭的落后状态。因此，加强草原科学管理是草原生态系统保护对策中应首先重视的问题。

（2）发展人工草场

建围栏、实行分区轮放、合理利用草场等，都是已被证明的保护和恢复草原生态系统结构和功能的有效措施。从长远考虑，通过技术改造和适当增加投资，实行集中化经营的草业，提高经济效益。在兼顾畜牧业发展和草原生态环境保护的情况下，以人工草地和种植饲料来提高经济效益和环境效益。

（3）建立牧业生产新体系，提高畜牧业在农业中的比重

发达国家畜牧业产值占到农业总产值的50%以上。而我国的草地占国土总面积的40%左右，是现有农田的3倍，故我国畜牧业发展潜力仍然很大。

（三）土地资源的保护

1.土地资源保护概述

土地是指由地形、土壤、植被以及水文、气候等自然要素组成的自然综合体。土地资源是指在当前和可预见的未来对人类有用的土地，它是人类赖以生存和发展的物质基础，是农业生产最基本的生产资料。《中华人民共

和国土地管理法》指出，土地是指全国各行政区域管辖范围内的全部土地，包括耕地、林场、草地、荒地、河流、湖泊、滩涂、城镇及农村居民用地、工矿用地、交通用地、旅游及国防等特殊用地以及暂时还不能利用的其他用地等。

土地是人类赖以生存的最重要、最基本的自然资源，它是矿物质的储存所，它能保持土壤的肥沃，能生长草木和粮食，也是野生动物和家禽等的栖息所，是陆地上的一切可更新资源皆赖以存在或繁衍的基础。因而土地是人类最重要的生态环境要素。它具有固定性、整体性、生产性、有限性和不可替代性等特点。

2. 保护土地的对策

（1）加强土地的管理

合理利用土地和切实保护耕地是我国的基本国策。各级人民政府应当采取措施，全面规划，严格管理，保护、开发土地资源，制止非法占用土地的行为。

（2）做好土地资源的调查和规划工作

国家建立土地调查制度，县级以上人民政府土地行政主管部门会同同级有关部门进行土地调查，土地所有者或者使用者应当配合调查，并提供有关资料。各级人民政府应当依据国民经济和社会发展规划、国土整治和资源环境保护的要求、土地供给能力以及各项建设对土地的需求，组织编制土地利用总体规划。

（3）土地复垦

对过去采矿和其他占用的土地进行复垦，以保护土地资源。

（4）防治沙漠化

严禁滥垦草原，加强草原管理，控制载畜量，严禁过度放牧，以保护草原植被。

（5）搞好水土保持工作

搞好水土保持，要实行预防和治理相结合，以预防为主；治坡与治沟相结合，以治坡为主；生物措施与工程措施相结合，以生物措施为主。因地制宜，综合整治。

（四）湿地保护

1. 湿地资源

湿地是重要的国土资源和自然资源，如同森林、耕地、海洋一样具有多种功能。湿地的功能和效用有：提供水源，补充地下水；调节流量，控制洪水，保护堤岸，防风；清除和转化毒物与杂质；保留营养物质；保持小气候，湿地可影响小范围气候；防止盐水入侵；野生动物的栖息地；旅游休闲。

2. 湿地的保护对策

（1）进一步开展湿地调查和科学研究

重视湿地调查和科学研究工作，开展湿地调查，进行湿地分类、演化、生态保护、污染防治、合理开发利用与管理等领域多方面的科学研究，开展全国湿地资源调查，以掌握全国资源状况。

（2）建立和完善湿地保护政策、法治体系

完善的政策和法治体系是有效保护湿地和实现湿地资源可持续利用的关键。建立行之有效的湿地管理经济政策体系，对保护我国湿地和促进湿地资源的合理利用，具有极为重要的意义。

（3）制订合理开发利用规划

在确保生态平衡和自然资源永续利用的前提下，综合考虑不同利用途径的经济效应，提出不同地区、不同类型的最佳开发利用和保护管理方案。在大规模开发利用之前，要进行环境影响评价，减少可能带来的不利影响。

（4）建设自然保护区

建立各种湿地类型的自然保护区是保护湿地生态系统和湿地资源的有效措施之一。

（5）积极开展国际合作与交流

湿地保护是国际社会关注的热点。我国湿地对全球生物多样性保护、全球气候变化、跨国流域的水文系统等都具有重要影响。加强国际合作，通过双边、多边、政府间、民间等多种合作形式，全方位引进先进技术、管理经验与资金，开展湿地优先保护项目合作。

（五）森林资源保护

森林是以树木和其他木本植物为主体的一种生物群落。森林是陆地生态系统和农业生态环境的基础。森林保护直接关系到水资源保护、土地资源保护、生物资源保护。因此，森林保护是陆地生态系统保护的关键。

1. 森林生态系统

森林生态系统是森林群落与外界环境共同构成的一个生态功能单位。森林生态系统在结构和功能上的特点可概括为以下四点。

（1）生物种类多、结构复杂

森林的垂直成层现象形成的各种小生境，发展了种类繁多的动物群落和其他生物群落。据有关资料，仅在一块40hm²的热带雨林内，即已发现1500种开花植物、750种树木、400种鸟类、100种不同的爬行类和60种两栖动物，这还不包括难以计数的各种昆虫。

（2）系统稳定性高

森林生态系统经历了漫长的发展过程，各类生物群落与环境之间协同进化，使生物群落中各种生物成分与其环境相互联系、相互制约，保持着相对平衡状态。所以，系统对外界干扰的调节和抵抗力强，稳定性高。

（3）物质循环的封闭程度高

自然状态的森林生态系统各组分健全，生产者、消费者和分解者与无机环境间的物质交换完全在系统内部正常进行，对外界的依赖程度很小。

（4）生产效力高

森林生态系统具有明显的生产优势，其生物量最大、生产力最高。森林每年的净生产量占全球各类生态系统的近一半。

2. 森林生态系统在维持生态平衡中的作用

森林是宝贵的自然资源，是人类生存发展的重要支柱和自然基础。森林覆盖率通常是衡量一个国家或地区经济发展水平和环境质量的一个重要指标。这不仅因为森林生态系统具有重要的经济价值且又属于可更新资源，而且它在维持生态平衡和生物圈的正常功能上还发挥着重要的作用。

（1）具有综合的环境效益

森林生态系统对于 CO_2 和 O_2 在大气中的平衡起着调节作用。每公顷阔叶林在生长季节每天能通过光合作用吸收近 1t 的 CO_2，释放 0.75t 的 O_2，能满足 973 人的需氧量。

（2）调节气候

森林能降低年平均温度、缩小年温差和日温差，减缓温度变化的剧烈程度，这是因为森林的呼吸蒸腾和蒸发水分消耗了大量热能。因此，夏季中森林在垂直和水平的一定范围内的气温较空旷地低，冬季又因林地内散热量较空旷地少而又使气温略高于森林外。

森林由于增加了近地层大气的阻力，故能够降低风速，减弱风力，降低风灾损失。

森林在调节气候方面的另一个重要功能就是增加降雨量。森林蒸腾作用可促进水分的小循环，改善小气候。

（3）涵养水源，保护水土

降雨或融雪过程中沿地面流失的水分称为地表径流。强烈的地表径流会造成洪水和土壤冲刷，给工农业生产和人民生活带来灾难性后果。森林主要是通过减少地表径流强度来涵养水源和保持水土的。国内外大量研究与观测表明，对森林的破坏会使水土流失量成倍增加，森林涵养水源和保持水土的功能是显著的，是人为工程措施所不能替代的。

（4）具有生物遗传资源库的功能

森林具有明显的层序性，形成了许多不同的小生境或小气候条件，为各类动物提供了良好的栖息场所。每个小生境中生活着许多有代表性的生物。据估计，森林群落仅在热带雨林中就有数万种生物。这些生物遗传库已经给现代农作物和药材提供了许多物种。实际上，现代农作物和药材都是来自野生物种。

此外，森林还是重要的工业产品资源，为许多工业部门提供了原料。

3. 我国森林生态系统恢复和重建对策

（1）加快森林生态战略工程的建设，增大森林生态系统的比例

由于历史的原因，我国人口集中或工农业发展水平较高的地区，目前恰恰是我国森林覆盖率低或生态脆弱、自然环境差的地区。而在历史上这些地区大多是森林的分布区，具有适宜森林生长的良好自然条件。因此，这些地区应是我国森林生态系统恢复和重建的重点区域。例如，我国"三北"防

护林体系、太行山绿化工程、长江中上游综合治理工程、黄河中上游水土保护林建设、平原绿化及沿海防护林体系等都是森林生态系统恢复和重建的重大战略措施，其对于增加森林生态系统的比例、改变目前的森林生态系统分布格局等都有着重要意义。

（2）积极推广农林复合生态系统的建设

农林复合生态系统是把农、林、牧、渔等种植业、养殖业结合起来建立的，其形式是以林木为主体的农、林、牧、渔结合的人工复合生态系统。实际上，就是采用生态工程设计手段，利用树木具有比较长期稳定的生产食物、饲料、燃料、木材等产品的能力和保护农业的功能，进行空间、时间上多层次种植、养殖的结构配置，形成经济而合理的物流、能流，提高单位土地面积上的生物生产力和经济效益。同时，这也有利于提高系统的稳定性、改善土地及环境条件、减少水土流失等。

（3）尽快建立南方用材林基地

我国秦岭和大别山以南的广大地区大多为山区或半山区，其水热条件优越，林木生长快，树种资源丰富，发展林业的潜力很大，造林后稍加经营管理，十年就可成林。这是我国培育后续森林资源的重要基地，同时也可减轻对现有森林生态系统的破坏并改善这一地区的生态环境。

（4）加强科学管理，发挥现有森林综合效益潜力

我国现有森林生态系统的综合效益没有得到充分发挥，在森林资源的开发中，经济价值观仍占据主导地位，而木材的利用过程中浪费又很大，与世界先进国家的水平相比差距很大。因此，发挥森林的综合效益和提高开发利用水平，保护和改建现有森林生态系统，是我国森林生态系统恢复的重要内容和措施。

（5）加强森林生态系统的理论研究工作

研究城市林木，包括公园、城郊森林公园、街区绿化点、行道绿化带、庭院和工业绿化隔离带等对城市能流、物流、环境质量以及居民身心健康等方面的功能，以促进城市林业的发展。加强农林复合生态系统、庭院林业及林区立体林业的研究，以找出适合于不同类型地区的自然经济特点的、各种类型的最优人工配置或集约经营，同时又以林业为主体的综合生产经营模式，从而促进我国森林生态系统的恢复和重建。

第二节 农业生态保护

一、农业生态系统的概念

农业生产的主要对象——农业生物，包括农业植物（农作物、林木、果木、蔬菜等）、农业动物（畜、禽、鱼类、虾类、贝类等）。农业生产是在一定的气候、土壤、水分、地形等自然条件制约下进行的，因此，农业生态系统与自然生态系统有着密切的联系及许多相似之处。可以说，农业生态系统是由自然生态系统脱胎而来的。

农业生态系统就是在人类活动的干预下，农业生物与其环境之间相互作用，而形成的一个有机综合体。也可以将农业生态系统简单地概括为由农业生物系统与农业环境系统以及人为调节控制系统组成。因此，农业生态系统中不仅有生物和非生物，还有人为调节控制系统，即包括人类农业生产活动和社会经济条件，而且经济因素和社会因素是整个农业生态系统中十分重要的内容。因此，更确切地讲，农业生态系统是一个"社会—经济—自然"复合生态系统。

二、农业生态系统的特点

（一）人为作用

农业生态系统是在人类干预下由自然生态系统脱胎而来的，是人类活动的产物。人为作用大致可归纳为三个方面：①人是农业生态系统的参加者，即人参加了农业生态系统的物质和能量运转；②人是农业生态系统的享用者；③人是农业生态系统的改造者。人类并不完全满足于已有的农业生态系统。从事农业的人员实际上就是不断地改造农业生态系统。

（二）社会性

农业生态系统不可能脱离社会经济条件，社会制度的不同及科学技术发展水平的不同，均会深刻地影响农业生态系统的组成、结构及生产力。

(三) 波动性

由于人类长期而频繁的干扰，农业生态系统中动植物区系大为减少，食物链简化，层次性削弱。栽培作物和饲养放养的动物都是经人工培育选择的品种，经济价值高但抗逆性差，往往造成农业生态系统稳定性降低，容易遭受各种自然灾害。另外，农业生态系统中的土壤也是一个较不稳定的自然环境因素，如果长期播种某一作物，又无良好的经营管理，营养不合理，养分输出大于输入，土壤便会逐渐退化。除此之外，降雨、风、光照等自然条件也具有一定的波动性。

(四) 综合性

农业生态系统的结构和功能是复杂而综合的，不仅其内容、措施多种多样，自然因素和人为活动的关系也十分复杂。因此，发展农业生产必须树立整体观念，把农业当作一个整体进行综合分析，全面考虑。

(五) 选择性

选择性即因地制宜，分别进行分析，选择针对性措施。农业生态系统的内在矛盾很多，要分清主次，明确缓急，选择适宜措施，对症下药。如果措施选择不当，有时可能会出现相反的效果。因此，选择的前提条件是要认真分析和研究农业生态系统，弄清其结构、功能及演变规律。

三、农业生态系统的组成与结构

(一) 农业生态系统的组成

农业生态系统主要由农业生物系统、农业环境系统和人工调节控制系统三部分组成。其中农业生物系统包括农业植物（粮食作物、经济作物、饲料作物、经济林、用材林、薪炭林等）、农业动物（畜类、禽类、虾、蟹、贝类、蜂、蚕、特种经济动物等）和农业微生物；农业环境系统包括农业气候、光照、地形、坡向坡度、土壤、温度、湿度、降雨量等；人为调节控制系统包括各种农业技术和农业输入，如品种选育、土壤改良、施用化肥和有机肥、灌溉、病虫杂草防治等。

(二) 农业生态系统的结构

农业生态系统的结构包括形态结构、食物链结构、因果网络结构、层次结构和总体结构。

1. 形态结构

形态结构包括水平结构、垂直结构和时间结构。

水平结构是指在一定生态区域内，各种农业生物种群或类型所占的比例或分布情况，即通常所说的区划和布局。最佳水平结构应与当地自然资源相适应，并能满足社会要求。

垂直结构是指农业生物群体在垂直空间上的组合与分布。对于农田生态系统而言，垂直结构还可分为地上结构与地下结构两部分。地上结构主要是复合群体茎、枝、叶在空间的合理分布，以求得群体最大限度地利用光、热、水、气等资源；地下结构部分主要是复合群体根系在土壤中的合理分布，以求得土壤水分、养分的合理利用，达到种间互利的目的。

时间结构是指在生态区域内各个农业生物种群的生长发育和生物量积累与当地自然资源协调吻合的状况。不同地区，可供农业生物种群利用的自然资源多是随时间而变化的。要尽可能合理搭配各种农业生物，充分利用自然资源，不断提高农业生态系统的生产力；要尽可能地使外界物质、能量的投入与农业生物的生长发育紧密结合，防止过多或过少，以实现较高的生态效率。

2. 食物链结构

农业生态系统中存在着许多食物链结构，其中有些是生物在长期演化过程中形成的。如果在食物链中增加新环节或扩大已有环节，使食物链中各种生物能更充分地、多层次地利用自然资源，那么一方面可以使有害生物得到抑制，增加系统的稳定性；另一方面可以使原来不能利用的产品再转化，增加系统的生产量。

3. 因果网络结构

农业生态系统中的因果关系不是简单的因—果关系，而是因中有因、果中有果，形成一个因果网络。

4. 层次结构

从系统角度出发，可以将农业生态系统看成是一个层次结构。其中每一个高级层次对低一级层次处于战略地位，高级层次影响低级层次；反过来，低级层次也会影响高级层次。不同层次解决问题的内容、影响的因素是不同的。

5. 总体结构

总体结构中主要组成部分包括农业环境、农业生物、农业技术、农业输入和农业输出。农业环境和农业生物是农业生态系统的两个基本方面，两者之间关系密切。为了实施农业技术，必须有一定的劳动与资本输入、农业经营管理、农业科学技术知识的普及等。而这一切又受到农业政策的深刻影响。在农业输入与输出的关系上，要求有较高的经济效果，即要考虑到农业劳动生产率、商品生产率、投资利润率、农业生产者的经济收入及国家从农业上取得的财政收入等问题。

四、农业生态系统的保护

（一）维护农业生态系统的平衡

1. 因地制宜发展大农业

农业生产的特点之一就是受自然环境条件限制。不同地区其自然环境条件差异很大，因此必须因地制宜，按照当地的土地适宜性、太阳能资源、水资源等客观条件，发展农、林、牧、副、渔等多种经营。

2. 遵循农业生态系统的整体性原则

农业生态系统是由农业生物与农业环境相互联系、相互作用、相互制约，通过物资运转和能量流动而形成的一个不可分割的综合体系。农业生态系统中某一成分发生变化，必然引起其他成分及整个系统结构的变化。因此，在调控农业生态系统时，应当遵循这一整体性原则。

3. 综合防治农业病虫害

在农业生态系统中，害虫与天敌之间存在着相对的生态平衡，是一种对立统一的关系。综合防治就是以生态学理论为指导，科学地使用化学防治、生物防治、农业防治、物理防治及其他防治方法，因地制宜、互相协调、合理配合、取长补短，以达到经济有效地控制（不是消灭）病虫害，并将对生态环境的污染和对人类健康的影响降低到最低限度的目的。

4. 灌溉系统与排水系统协调配套

农业灌溉系统与排水系统需配套。若排灌脱节,必然会导致土壤次生盐碱化。地表水、地下水、盐分都是农业生态系统中重要的生态因子,它们都按照一定的规律在生态系统中运动。大面积灌溉工程必须辅以完整的排水系统,以防止地下水位升高及保持盐分运动的平衡。

5. 保护农业生态系统养分平衡

根据养分平衡的生态学原理,对于一个农田生态系统来说,要想多产出就得多投入,即要想作物高产,就必须具备土壤肥沃的物质基础,处理好用地与养地的关系。

(二)防治农业生态环境污染

1. 化肥污染及其防治

(1) 化肥污染

化肥是重要的农业生产资料。现代农业通过施加化肥来维持农业生态系统的养分平衡,以大幅度地提高农产品量。随着化肥使用面积和施用量的增加,加之化肥的不合理施用,化肥引起的生态环境污染问题越来越严重。

化肥污染的影响有以下四个方面。

第一,对土壤的影响。化肥施用过量会造成土壤酸化,使土壤中营养元素不平衡,影响作物对营养元素的吸收,并且化肥中的有害成分(如磷肥中的镉、氟化物和放射性物质等)因长期积累而污染土壤。

第二,对水环境的影响。过量施肥以及肥料结构和施肥方法不当都会导致氮、磷等养分的流失,易引起地表水体的富营养化。

第三,对大气环境的影响。由于氨挥发以及硝化和反硝化作用造成氮肥气态损失,过量施用氮肥有可能使大气中氮含量增加,促进酸雨及酸沉降的形成。

第四,对农产品品质的影响。过量施用化肥会使农产品中重金属和硝酸盐积累,致使农产品品质下降,直接影响人类的健康和生活质量。

(2) 化肥污染的防治

防治化肥污染关键是科学合理地使用化肥。不要长期过量使用同一种肥料，掌握好施肥时间、次数和用量，采用分层施肥、深施肥等方法以减少化肥散失，提高肥料利用率；提倡化肥与有机肥配合使用，增强土壤保肥能力和化肥利用率，减少水分和养分流失，促进土质疏松，防止土壤板结；制定防治化肥污染的法律法规和无公害农产品施肥技术规范，使农产品生产过程中肥料的使用有章可循、有法可依，从而有效控制化肥对土壤、水源和农产品产生的污染。

2. 农药污染及其防治

（1）农药污染

农药污染主要是指化学农药污染。农药污染是指由于人类活动直接或间接地向环境中排入了超过其自净能力的农药，从而使环境质量降低，以致影响人类及其他环境生物安全。

（2）农药污染的防治

在农药生产和使用过程中，严格执行国家有关标准和规定；通过对各种病虫害发生规律的调查研究，及时预报，抓住防治关键时期适时用药，减少用药次数；研究推广先进喷雾技术，改进农药剂型，开发使用高效、低毒、低残留、易分解的农药，以提高防治效果、降低施药量，从而减少农药残留；推广采用农业防治、物理防治、生物防治、人工防治、营养防治、生态防治，这样可大大减轻农药的污染；对农药残留超标的农田，改种经济作物、花卉、苗木，以减少对粮食、蔬菜的危害，进而保护人体健康。

（三）解决农村能源问题

1. 农村能源问题

我国幅员辽阔，人口众多，是一个发展中的农业大国，各地经济和社会发展极不平衡。虽然经过改革开放四十多年的快速发展，我国能源建设取得了很大的成绩，全国能源供需总体平衡，但由于历史的原因和受地理条件的制约，大部分农村的能源问题仍很突出。据初步调查，全国农村约50%以上的生活能源是由秸秆和薪柴等生物质提供的，能源利用效率低，生产和生活条件相对比较简陋。长期以来，农村生活燃料一直以薪柴为主，是影响我国广大地区生态环境建设的难点。

大量采伐和使用薪柴，不仅破坏了当地自然生态环境，同时也造成了大量污染，严重影响了经济发展和人民生活水平的提高。特别是在我国大江大河发源地的西部地区，农民砍树烧柴已严重危及退耕还林、天然林保护等生态工程的实施。

2. 解决农村能源问题的途径

要解决农村能源问题，可通过建设农村小水电站、风能、太阳能设施或废弃物集中气化供气设施，解决生活能源问题；也可通过新型炉灶的开发应用，改变目前农村传统灶具低热值的燃烧方式，开发推广高效、节能、节柴灶具。解决农村能源问题应当因地制宜，采取多种途径，除采用供电、供煤等途径，还可以兴建沼气池，推广节柴灶，利用风能、水能、太阳能、地热能等，改变靠砍树来解决燃料问题的做法。

（四）发展生态农业

1. 生态农业的基本特点

（1）综合性

生态农业强调发挥农业生态系统的整体功能，以大农业为出发点，按整体、协调、循环、再生的原则，全面规划、调整和优化农业结构，使农、林、牧、副、渔各业和农村一、二、三产业综合发展，并使各业之间互相支持、相得益彰，从而提高综合生产能力。

（2）多样性

生态农业针对我国地域辽阔，各地自然条件、资源基础、经济与社会发展水平差异较大的情况，充分吸收我国传统农业精华，结合现代科学技术，以多种生态模式、生态工程和丰富多彩的技术类型装备农业生产，使各区域都能扬长避短，充分发挥地区优势，各产业都根据社会需要与当地实际协调发展。

（3）高效性

生态农业通过物质循环和能量多层次综合利用以及系列化深加工，实现经济增值，实行废弃物资源化利用，降低农业成本，提高效益，为农村大量剩余劳动力创造农业内部就业机会，保护农民从事农业生产的积极性。

（4）持续性

发展生态农业能够保护和改善生态环境，防治污染，维护生态平衡，提高农产品的安全性，变农业和农村经济的常规发展为持续发展，把环境建设同经济发展紧密结合起来，在最大限度地满足人们对农产品日益增长的需求的同时，提高生态系统的稳定性和持续性，增强农业发展后劲。

2. 生态农业理论指导体系

生态农业实践的理论指导依据主要包括：生物与环境的协同进化原理，生态系统中生物与环境之间存在着复杂的物质、能量交换关系，环境影响生物，生物也影响环境，两者互相作用、协同进化。在实践中，与此有关的还有整体性原理、边际效应原理、种群演替原理、自适性原理、地域性原理及限制因子原理等。生态农业遵循这些原理，因时、因地制宜，合理布局，立体间套，用养结合，共生互利；而违背这些原理则会导致环境质量下降，甚至使资源枯竭。为此，生态农业建设实践中得出了"依源设模，以模定环，以环促流，以流增效"的生态农业模式设计方法；生物之间链索式的相互制约原理，生态系统中同时存在多种生物占据不同的生态位，它们之间通过食物营养关系的相互依存和相互制约构成一定的食物链，多条食物链又构成食物链网，网中任一链节的变化都会引起部分甚至全部食物链网的改变，网中营养级之间能量遵守十分之一定律。依此原理设计了"粮（果）—畜—沼—渔"等食物链生态农业模式。

遵循能量多级利用和物质循环再生原理，生态系统中的食物链既是能量转换链，也是物质传递链。在生态农业中，合理设计食物链，多层分级利用，可使有机废弃物资源化、使光合产物实现再生增殖，发挥减污补肥增效的作用，强调秸秆还田及以沼气为主体的农村能源建设；遵循结构稳定性和功能协调性原理，在自然生态系统中，生物与环境经过长期的相互作用，在生物与生物、生物与环境之间建立了相对稳定的结构，具有相应功能，此中又遵循了生物共生优势原则、相生相克及趋利避害原则和生物相生相养原则。生态农业利用这些原理和原则优化稳定结构，完善整体功能，发挥其系统的综合效益。

根据生态效益与经济效益相统一的原理，生态农业建设实践强调经济、生态、社会三大效益的协同提高，其中经济效益是目的，生态效益是保障，社会效益是经济效益的外延。为获取较高的生态效益和经济效益，必须对自然资源进行合理配置，充分合理地利用国土资源及其他自然资源，充分利用劳动力资源，以调整经济结构，实现农业生产的专业化和社会化，从而逐步走上农业产业化的发展轨道。

第三节　城市生态保护

一、城市生态系统的组成与特点

(一) 城市生态系统的组成

城市生态系统是一个复合生态系统，可分为社会、经济、自然三个亚系统，各个亚系统又可分为不同层次的子系统，彼此互为环境。

1. 社会生态亚系统

社会生态亚系统是以满足城市居民的就业、居住、交通、供应、文娱、医疗、教育及生活环境等需求为目标，为经济生态亚系统提供劳力和智力。它以高密度的人口和高强度的生活消费为特征。

城市人口是系统状态变化的最主要变量，其数量增减和质量变动都直接影响系统整体。城市人口按其固定程度可分为固定人口和流动人口；固定人口按其是否分担社会义务，又分为劳动人口和被抚养人口；劳动人口按其服务对象分为基本人口和服务人口，也可简称为劳力。

基本人口是指在工业、农业、交通运输业以及其他不属于地方性的行政、财经、文教等单位工作的人员。它不是由城市规模决定的，却对城市规模起决定性作用。

服务人口是指在为当地服务的企业、行政机关、文化、商业服务机构中工作的人员，其人数多少随城市规模变动。

被抚养人口是指未成年的、丧失劳动力的以及没有参加劳动的人口，主要包括老弱病残、儿童、学生、待业青年等。它一般是随劳动力人口数量而变动的。

流动人口是指在本市无固定户口的人口。一般分为常住流动人口和临时流动人口两类。前者指临时工、季节工、借调人员、支援人员和驻市办事人员等；后者指因前来开会、参观学习、工作出差、游览及路过而短时间停留的人。流动人口比例直接牵涉到城市交通、商业、服务行业等的服务效果及社会生活质量。它随城市性质、季节的不同而差异很大。

2. 经济生态亚系统

经济生态亚系统以资源(能源、物质、信息、资金等)为核心,由工业、农业、交通、建筑、贸易、金融、信息、科技教育等子系统所组成。它以物质从分散向集中的高密度运转、能量从低质向高质的高强度集聚、信息从低序向高序的连续积累为特征。

经济生态亚系统是城市活跃的经济生活和高密度的物质信息生产过程。它们是城市的命脉和支柱,是联系社会、自然两个亚系统的经络和桥梁,一般由物资生产、信息生产、流通服务及行政管理等职能部门组成。各种产业比例的大小决定了城市的性质。

物质生产部门主要由工业、农业、建筑业等部门组成。它们设法从系统内部或外部获取物质能量,并按照社会的需求转换成具有一定功能的产品。

信息生产部门主要由科技、教育、文艺、宣传、出版等部门组成,旨在为社会积累、加工传授和推广信息,培育、输送人才,以满足社会在生产和生活活动中的信息及人才需求。

流动服务部门主要由金融、保险、交通、通信、商业、物质供应、旅游、服务等部门组成。它们不直接生产产品,只是为各个生产和生活部门牵线搭桥、横向联络、促进系统的物质能量的快速循环或流动,以保证城市社会经济活动的正常进行,是城市不可缺少的重要组成部分。

行政管理部门主要是由城市的党政工团、公检法等职能部门及各级管理部门组成。它们没有直接的经济效益,却通过各种纵向联系和管理维持城市功能的正常发挥和社会的正常秩序。

3. 自然生态亚系统

自然生态亚系统以生物结构和物理结构为中心,包括生物部分(植物、动物、微生物)和非生物部分(能源、生活和生产所需的各种物质)。该系统的特征是生物与环境的协调共生,环境对城市活动的支持、容纳、缓冲、净化。

(二) 城市生态系统的特点

城市生态系统是人类改造自然生态系统的产物，它是一个由自然再生产过程、经济再生产过程及人类自身再生产过程组合在一起的多层次、多单元的、复杂的人类生态系统。与自然生态系统相比，它有以下特点。

1. 具有整体性

城市生态系统包括自然、经济与社会三个子系统，是一个以人为中心的复合生态系统。组成城市生态系统的各部分相互联系、相互制约，形成一个不可分割的有机整体。任何一个要素发生变化都会影响整个系统的平衡，导致系统的发展变化，最终达到新的平衡。

2. 人口的增加与密集

人是城市生态系统的主体，对人类经济、社会活动起着决定性作用，经济再生产过程是城市生态的中心环节。城市最大特点是人口的增加与密集。随着工农业生产的发展，人口集中的速率十分惊人。人口密集、经济活动集中大大改变了原来自然生态系统的组成、结构和特征。大量的物质、能量在城市生态系统中流动，输入、输出及废物排放都大大超过原自然生态系统，造成大量残余物质积累在城市，使城市成为污染最严重的地区。

3. 与自然生态系统的结构和功能大不相同

人与自然、经济和环境相互依赖、相互制约，形成"人口—资源—经济—环境"有机组合的复杂系统。这个系统在形态结构上主要受人工建筑物及其布局、道路和物质输送系统、土地利用状况等人为因素的影响。不论是垂直分布还是水平分布都是人为形成的，在营养结构上不但改变了原自然生态系统中各营养组的比例关系，而且不同于自然生态系统的营养关系，在食物（营养）的输入、加工、传送过程中，人为因素也起着主导作用；在生态流方面，物质、能量、信息流动的总量大大超过原自然生态系统，而且比原自然生态系统增加了人口流和价值流，人类的社会经济活动起着决定性作用。城市生态系统的调节机能是否能维持生态系统的良性循环，主要取决于这个系统中的人口、资源、经济、环境等因素的内部以及相互之间能否协调。

4. 城市生态系统是一个开放系统

城市生态系统是一个开放系统，是由其他系统输入资源、能源（包括食物)，排出废物(利用外系统的自净能力)。处于良性循环的自然生态系统，其形态结构和营养结构比较协调，只要输入太阳能，依靠系统内部的物质循环、能量交换和信息传递，就可以维持各种生物的生存，并能保持生物生存环境的良好质量，使生态系统能够持续发展(称为自律系统)。城市生态系统则不然，其系统内部生产者有机体与消费者有机体相比数量显著不足，大量的能量与物质需要从其他生态系统(如农业生态系统、森林生态系统、湖泊生态系统、海洋生态系统等)人为地输送，故它是"不独立和不完全的生态系统"。实践证明，一个领先外部输入能量、物质的生态系统，在系统内部经过生产消费和生活消费所排出的废物，也要依靠人为技术手段处理或向其他生态系统输出(排入)，利用其他生态系统的自净能力，才能消除其不良影响。因此，城市生态系统的能量变换与物质循环是开放式的。

5. 城市生态系统中的人类活动影响着人类自身

城市化的发展过程不断地影响着人类自身，改变了人类的生活形态，创造了高度的物质文明和精神文明。这种自身的驯化过程使人类产生了生态变异，如前额变小、脑容量变大、身高增加等。同时，城市发展中环境的不良变化影响了人类的健康，引起了公害和所谓的"文明病"。例如，大气污染使得人群肺癌发病率市区比郊区高，大城市比小城市高；居住密度过大使一些市民产生"拥挤症"。

二、城市生态系统的结构

(一) 城市生态系统的形态结构

城市最初是为宗教、军事和政府而建的。随之，聚居为商业带来了发展机会。随着商业的发展以及后来的工业革命，各行各业的人们结合在一起，更有效地发挥各自的作用，城市化开始普遍起来。

城市间外貌的差异主要来自三种因素：城市最迅速发展的时间、城市的自然位置及城市的战略位置。

住房建筑和人口相对密度的差别，基本可以反映城市在发展过程中可利用的交通运输和居住地的类型，也可反映当时资源的可利用程度和居民的爱好。例如，较老的城市一般街道比较狭窄、街区小、住宅稠密，反映着汽车普及以前的文明面貌；较新的城市或老城市的新区，则街道较宽，有商业中心等，反映着汽车普及的文明状态。大部分城市都是上述两种情况的混合产物。

一个城市的位置是指它所在地区的直接可辨认的自然特点。铁路时代以前的许多城市都位于通航的水域附近。因为城市的位置差异很大，可能位于山峦起伏或平坦的地区，也可能位于排水良好或排水不良或干燥的地区，所以它们的宏观或微观气候可能差别较大。在交通线的铺设以及在各城市各具特色的种种活动的布局中都反映了城市的地理条件。城市的战略位置决定了它的发展和前途，一般为交通枢纽及交流的转运中心。

（二）城市生态系统的营养结构

在自然生态系统中，绿色植物、动物、微生物等与环境系统所建立起来的营养关系构成了自然生态系统的营养结构。它在人类出现以前就已形成。在自然生态系统中，由于低位营养级的生物在数量上大大超过其相邻高位营养级的生物，就形成了底部宽、上部窄的生态金字塔。而在城市生态系统中，人是主体，处于顶层的消费者（主要是人）的生物量，大于低位营养级的生产者（绿色植物），因此生态金字塔是倒置的。

三、城市生态系统的功能与生态流

（一）城市生态系统的功能

1. 生产功能

城市的生命力在于生产，有目的地组织生产和追求最大的产量是城市生态系统区别于自然生态系统的一个显著标志。城市生产活动的特点是能量流、物质流高强度、高密度，空间利用率高，系统输入输出量大，主要消耗不可再生能源，系统对外界依赖性强。

城市生产可分为以下四类。

第一，初级生产。包括农业及采矿等直接从自然界生产或开采工业原材料的生产过程。

第二，次级生产，包括制造、加工及建筑等行业，它们将初级生产品加工成半成品、成品以及机器、设备、厂房等扩大再生产的基本设施和为居民生活服务的食品、衣物、用品、住宅、交通工具等。

第三，流通服务。金融、保险、医疗卫生、商业、服务业、交通、通信、旅游业及行政管理等流通服务行业构成了城市生态系统的第三产业，它们保证和促进了城市生态系统内物资流、能量流、信息流、人口流、货币流的正常运行。

第四，信息生产。科技、文化、艺术、教育、新闻、出版等部门为城市生产信息、培训人才，这是人类社会区别于动物社会的一大特征，也是城市生产区别于农业生产的主要部分。其中，科学技术和教育是城市生态系统发展的基础，其功能发挥得正常与否，直接影响城市生态系统的演替进程。

2. 生活功能

城市生态系统功能的正常与否决定一个城市吸引力的大小和城市发展的水平。生存、发展、不断提高生活水平是人类的本能需求。只有当人们的日益增长的生活需求得到满足，生活环境不断得到改善时，其生产积极性才能被调动起来并得到最大限度的发挥。城市的生活功能应能满足居民的基本需求和发展需求。

3. 还原功能

城市有限空间内高强度的生产和生活活动从根本上改变了本地的地质、水文、气候、动植物区系及大气等的原来面貌，破坏了原生态系统的自然平衡。要使城市和外部环境相互协调一致，保持区域生态的平衡和稳定，确保城市生产和生活活动的正常进行，城市一方面必须具备消除和缓冲自身的发展给自然造成不良影响的能力，另一方面在自然界发生不良变化时，应尽快使其恢复到原状。这是由城市生态系统的还原功能来完成的。城市生态系统的还原功能包括自然净化功能和人工调节功能两个方面。

城市生态系统的这三种功能是相辅相成、相得益彰的。生产搞不好，城市发展便难为无米之炊；生活搞不好，人们积极性调动不起来，城市无从发展；还原功能弱，城市生态系统中的物质流、能量流就不能正常运行，城市的经济、社会就不能够得到持续、稳定的发展。

(二) 城市生态流

城市生态系统的功能是靠其中连续的物质流、能量流、价值流及人口流来维持的。它们将城市的生产与生活、资源与环境、时间与空间、结构与功能，以人为中心串联起来。弄清了这些流的动力学机制和调控方法，就能掌握城市这个复合体中复杂的生态关系。因此，称这些流动为城市生态流。

1. 物质流

城市生态系统是人和人工物质高度聚集的地区。城市每天都要从外界输入大量的粮食、水、原料、劳动资料等，又要向外界输出大量产品和"三废"物质等。所以，城市是地球表层物质流在空间大量集中的地域。物质流的流速依据不同城市的技术结构状况和管理状况的不同而不同。城市的物质流可分为自然物质流、经济物质流和废弃物物质流三大类。

2. 能量流

如要维持城市的经济功能和生态功能，必须不断地从外部输入自然能量，如输入食物能、煤、石油、天然气、水能等，并经过加工、储存、传输、使用、余能综合利用等环节，使能量在城市生态系统中进行流动。一般来说，城市的能流是随着物质流的流动而逐渐转化和消耗的，它是城市居民赖以生活、城市经济赖以发展的基础。城市物质流具有可回收、处理、循环再利用的特点，而城市能流在开发、转化（如煤转化为电能）、传输、使用的过程中，能量逐渐消耗，部分余热余能会以热能的形式排入城市生态环境。

3. 信息流

城市具有新闻传播网络系统，可以迅速传播大量信息。城市具有现代化的通信设施，如电话、电报、传真、计算机网络等，能够将生产、交换、分配和消费的各个领域和环节衔接起来，从而高效地组织社会生产和生活。

4. 人口流

人口流是城市生态系统功能的重要动态特征。它包括属于自然生态系统的人口流和属于社会经济系统的人才劳力流两大类。

5. 价值流

城市生态系统是人类社会劳动及物质、经济交流的产物。因此，在系统运转过程中必然伴随着价值的增值和货币的流动。城市生态经济系统价值量的增值，不但包括一定时间城市总体产品价值的数量，而且包括通过人类经济活动改变了自然资源状况和城市生态环境质量状况所形成的生态环境价值（正值的或负值的）的数量。

四、城市生态保护的内容与策略

（一）城市发展应与生态承载力相适应

生态承载力是指在某一时期、某种状态或条件下生态系统所能承受的人类活动作用的阈值。"某种状态或条件"是指现实的或拟定的生态系统的组成与结构不发生明显改变这样的前提条件。"能承受"是指不影响生态系统发挥其正常功能的条件。由此可见，生态承载力的大小可以以人类活动的方向、强度、规模来加以反映。

（二）合理利用土地，保持适宜密度

城市的构型（垂直分布、水平分布）主要由土地利用规划来决定，它不仅影响城市生态系统的形态结构，而且影响物质流、能量流和信息流。所以，城市的土地利用规划应该符合生态要求。从宏观上要控制土地利用结构、组成（如控制工业用地不能过多，绿地必须有相当的比例等），使城市总体布局符合生态要求。环境管理部门应该做好土地利用的开发度评价和生态适宜度分析，为城市规划、城市建设部门提供依据。

（三）工业合理布局

改善老城市的工业布局、在新建城市或老城市的新区工业合理布局，都是改善城市生态结构、防治城市环境污染的重要措施。

改善老工业布局或新设置工业布局都应遵循三项原则：①工业布局应符合生态要求，在生态适宜度大的地区设置工业区；②工业布局应综合考虑经济效益、社会效益与环境效应；③既要有利于改善城市生态结构，促进城市生态良性循环，又要有利于发展经济。

(四)改善工业结构

在城市生态系统中，经济再生产过程是很重要的中间环节。经济结构影响着城市生态结构和生态系统的循环、能量交换。工业结构是城市经济结构的主体，为改善生态结构、促进良性循环，必须着手改进城市的工业结构。工业部门不同、规模不同，其单位产值的各种污染物发生量和种类也会不同。

改善工业结构的原则是：在保证经济发展目标的前提下，力争资源输入少、排污量小；符合城市的性质功能；能体现出区域经济的特色和优势，能满足国家经济发展战略的要求，满足本城市提高居民生活质量的需要。

改善工业结构就是要通过定量预测分析，优选出经济效益和环境效益都比较好的工业结构。

(五)实施生态工艺，提高生态效率

城市作为一个高效的"社会—经济—自然"复合生态系统，其内部的物质代谢、能量流动和信息传递关系不是简单的链，而是一个环环相扣的网。其中网结和网线各司其职，各得其所。物质能量得到多层分级利用，废物循环再生，各部门、各行业间共生关系发达，系统的功能、结构充分协调，使得系统能量损失最小，物质利用率最高。

(六)改善能源利用方式，节约使用能源

我国的能源以煤炭为主。在未来相当长的时期内，煤炭作为我国城市主要能源的格局是不会改变的。当前，我国城市严重的大气污染主要是由燃煤引起的。要减轻能源对城市生态环境的影响，必须改善煤炭利用方式，节约使用能源。

(七)加强绿化系统建设

绿化系统是城市生态系统的重要组成部分，它对于城市的绿化、美化、净化及维持城市生态系统的平衡具有十分重要的作用。加强城市绿化建设，改善城市小气候，减轻污染，也可调节城市生态系统的物质循环，制造氧气，维持"碳—氧"平衡。

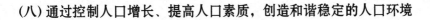

(八) 通过控制人口增长、提高人口素质，创造和谐稳定的人口环境

人口过多的问题是大城市的通病。通过控制人口增长速率来控制人口规模，充分发挥城市的教育优势，提高人们的文化、身体、健康、思想道德素质，创造和谐稳定的人口环境。

(九) 普及与增强生态意识

人是城市生态系统的主体，是城市环境的设计者、建设者和管理者。人的行为对城市功能的好坏起着支配作用。因此，必须普及生态意识，发动群众来认识城市、发展城市、保护城市。

第三章　环境监测的实施

第一节　水质监测

一、水环境监测

(一)水环境监测的分类

水环境包括地表水和地下水;地表水还可以分为淡水和海水,或者河流、湖泊(水库)和海洋。雨水作为降水一般在大气环境中进行研究和分析。

这里阐述的水环境监测包括地表水环境质量监测和饮用水水源地水质监测。海水环境的监测在其他章节中另有详述。目前,地下水环境质量监测在环保监测系统刚刚起步,仅作为饮用水水源地进行监测。

(二)监测管理

1.行政管理

国家级环境质量监测网由生态环境部统一监督管理,省级、地市级环境质量监测网由省、市环保厅局负责监督管理,各部门分工负责。

2.技术管理

中国的水环境监测系统共分为四级,即国家级、省级、地市级、县级。各级监测站采用统一的监测技术规范和方法标准开展水环境监测工作,在技术管理上,由上级站指导下级站,并进行分级质量保证。

3.管理方式

中国的水环境监测目前主要采用网络的组织管理方式,主要分为国家级、省级和地市级环境质量监测网三级网络体系。

国家级水环境监测网主要有以下 10 个:

(1) 长江流域国家水环境监测网；

(2) 黄河流域国家水环境监测网；

(3) 珠江流域国家水环境监测网；

(4) 松花江流域国家水环境监测网；

(5) 淮河流域国家水环境监测网；

(6) 海河流域国家水环境监测网；

(7) 辽河流域国家水环境监测网；

(8) 太湖流域国家水环境监测网；

(9) 巢湖流域国家水环境监测网；

(10) 滇池流域国家水环境监测网。

省级和地市级环境质量监测网主要由辖区内的各级环境监测站组成。

国家级水环境监测网络内各成员单位在统一规划下，按照水环境及污染源监测技术规范的要求，协同开展流域内各水系、主要河流、湖库、入河排污口及污染源定期监测工作，并向中国环境监测总站报送监测数据，以用于编写全国环境质量报告书。

二、水环境监测布点

(一) 布点原则

监测断面是指为反映水系或所在区域的水环境质量状况而设置的监测位置。监测断面要以最少的设置尽可能获取足够的有代表性的环境信息；其具体位置要能反映所在区域环境的污染特征，同时还要考虑实际采样时的可行性和方便性。流经省、自治区和直辖市的主要河流干流以及一、二级支流的交界断面是环境保护管理的重点断面。

1. 河流水系的断面设置原则

河流上的监测位置通常称为监测断面。流域或水系要设立背景断面、控制断面 (若干) 和入海口断面。水系的较大支流汇入前的河口处，以及湖泊、水库和主要河流的出、入口应设置监测断面。对流程较长的重要河流，为了解水质、水量变化情况，经适当距离后应设置监测断面。水网地区流向不定的河流，应根据常年主导流向设置监测断面。对水网地区应视实际情况设置若干控制断面，其控制的径流量之和应不少于总径流量的80%。

2. 湖泊水库的监测布点原则

湖泊、水库通常设置监测点位/垂线，如有特殊情况可参照河流的有关规定设置监测断面。湖(库)区的不同水域，如进水区、出水区、深水区、浅水区、湖心区、岸边区，按水体类别设置监测点位/垂线。湖(库)区若无明显功能区别，可用网格法均匀设置监测垂线。监测垂线上采样点的布设一般与河流的规定相同，但当有可能出现温度分层现象时，应做水温、溶解氧的探索性试验后再定。

3. 行政区域的监测布点原则

对行政区域可设入境断面(对照断面、背景断面)、控制断面(若干)和出境断面(入海断面)。在各控制断面下游，如果河段有足够长度(至少10 km)，还应设消减断面。国际河流出、入国境的交界处应设置出境断面和入境断面。国家环保行政主管部门统一设置省(自治区、直辖市)交界断面。各省(自治区、直辖市)环保行政主管部门统一设置市县交界断面。

4. 水功能区的监测布点原则

根据水体功能区设置控制监测断面，同一水体功能区至少要设置1个监测断面。

5. 其他监测断面

根据污染状况和环境管理需要还可设置应急监测断面和考核监测断面。

(二) 设置要求

1. 背景断面

反映水系未受污染时的背景值。设置在基本上不受人类活动的影响，且远离城市居民区、工业区、农药化肥施放区及主要交通路线的地方。原则上应设在水系源头处或未受污染的上游河段，如选定断面处于地球化学异常区，则要在异常区的上、下游分别设置；如有较严重的水土流失情况，则设在水土流失区的上游。

2. 入境断面

反映水系进入某行政区域时的水质状况，应设置在水系进入本区域且尚未受到本区域污染源影响处。

3.控制断面

反映某排污区（口）排放的污水对水质的影响。应设置在排污区（口）的下游，污水与河水基本混匀处。控制断面的数量、控制断面与排污区（口）的距离可根据以下因素决定：主要污染区的数量及其间的距离、各污染源的实际情况、主要污染物的迁移转化规律和其他水文特征等。此外，还应考虑对纳污量的控制程度，即由各控制断面所控制的纳污量不应小于该河段总纳污量的80%。如某河段的各控制断面均有5年以上的监测资料，可用这些资料进行优化，进而用优化结论来确定控制断面的位置和数量。

4.出境断面

反映水系进入下一行政区域前的水质。应设置在本区域最后的污水排放口下游，污水与河水已基本混匀处并尽可能靠近水系出境处。如在此行政区域内，河流有足够长度，则应设消减断面。消减断面主要反映河流对污染物的稀释净化情况，应设置在控制断面下游、主要污染物浓度有显著下降处。

（三）设置方法

监测断面的设置位置应避开死水区、回水区、排污口处，尽量选择河段顺直、河床稳定、水流平稳、水面宽阔、无急流、无浅滩处。监测断面力求与水文测流断面一致，以便利用其水文参数，实现水质监测与水量监测的结合。

入海河口断面要设置在能反映入海河水水质并邻近入海的位置。有水工建筑物并受人工控制的河段，视情况分别在闸（坝、堰）上、下设置断面。如水质无明显差别，可只在闸（坝、堰）上设置监测断面。设有防潮桥闸的潮汐河流，根据需要在桥闸的上、下游分别设置断面。由于潮汐河流的水文特征，潮汐河流的对照断面一般设在潮区界以上。若感潮河段潮区界在该城市管辖的区域之外，则在城市河段的上游设置一个对照断面。潮汐河流的消减断面，一般应设在入海口处。若入海口处于城市管辖区域外，则设在城市河段的下游。

(四) 国控断面的设置

1. 断面特性

国家地表水环境监测网的主要功能是全面反映全国地表水环境质量状况。监测网要覆盖全国主要河流干流、主要一级支流以及重点湖泊、水库等，设定的断面 (点位) 要具有空间代表性，能代表所在水系或区域的水环境质量状况，全面、真实、客观反映所在水系或区域的水环境质量及污染物的时空分布状况及特征。

2. 断面 (点位) 类型

国控水环境监测断面包括背景断面、对照断面、控制断面、国界断面、省界断面、湖库点位。此外在日供水量 ≥ 10 万 t，或服务人口 ≥ 30 万人的重要饮用水水源地设置重要饮用水水源地断面 (点位)。

3. 覆盖范围

河流：我国主要水系的干流、年径流量在 5 亿 m³ 以上的重要一、二级支流，年径流量在 3 亿 m³ 以上的国界河流、省界河流、大型水利设施所在水体等，每个断面代表的河长原则上不小于 100 km。

湖库：面积在 100 km² (或储水量在 10 亿 m³ 以上) 的重要湖泊，库容在 10 亿 m³ 以上的重要水库以及重要跨国界湖库等，每 50 ~ 100 km² 设置一个监测点位，同时空间分布要有代表性。

北方河流、湖库：考虑到我国南、北方水资源的不均衡性，北方地区年径流量或库容较小的重要河流或湖库可酌情设置断面 (点位)。

4. 具体要求

对照断面上游 2km 内不应有影响水质的直排污染源或排污沟。控制断面应尽可能选在水质均匀的河段。监测断面的设置要具有可达性、取样的便利性。取消原消减断面，统一设置为控制断面。根据不同原则设置的断面重复时，只设置一个断面。省界断面一般设置在下游省份，由下游省份组织监测。

三、水环境监测方案

(一) 基本内容

1. 监测对象和范围

流域监测的目的是要掌握流域水环境质量现状和污染趋势，为流域规划中限期达到目标的监督检查服务，并为流域管理和区域管理的水污染防治监督管理提供依据。因此它的监测范围为整个流域的汇水区域，监测断面应该至少覆盖流域 80% 的水量，得到的水质监测数据结果才能对整个流域的水质状况进行正确、客观的评价。

突发性水环境污染事故，尤其是有毒有害化学品的泄漏事故，往往会对水生生态环境造成极大的破坏，并直接威胁人民群众的生命安全。因此，突发性环境污染事故的应急监测是环境监测工作的重要组成部分。应急监测的目的是在已有资料的基础上，迅速查明污染物的种类、污染程度和范围以及污染发展趋势，及时、准确地为决策部门提供处理处置的可靠依据。事故发生后，监测人员应携带必要的简易快速检测器材、采样器材及安全防护装备尽快赶赴现场。根据事故现场的具体情况立即布点采样，利用检测管和便携式监测仪器等快速检测手段鉴别、鉴定污染物的种类，并给出定量或半定量的监测结果。现场无法鉴定或测定的项目应立即将样品送回实验室进行分析。根据监测结果，确定污染程度和可能污染的范围并提出处理处置建议，及时上报有关部门。

洪水期与退水期水质监测的目的是掌握洪水期与退水期地表水质现状和变化趋势，及时准确地为国家环境保护行政主管部门提供可靠信息，以便对可能发生的水污染事故制定相应的处理对策，为保障洪涝区域人民的健康与重建工作提供科学依据。因此其监测范围可根据洪水与退水过程中水体流经区域，把监测重点放在城、镇、村的饮用水水源地(含水井周围)，洪涝区城、镇、村的河流，淹没区危险品存放地的周围要加密布点。

2. 采样时间和监测频次

依据不同的水体功能、水文要素和监测目的、监测对象等实际情况，力求以最低的采样频次，取得最有时间代表性的样品，既要满足能反映水质状况的要求，又要切实可行。

按照《地表水和污水监测技术规范》中的规定：

(1) 饮用水水源地、省（自治区、直辖市）交界断面中需要重点控制的监测断面每月至少采样一次。

(2) 国控水系、河流、湖、库上的监测断面，逢单月采样一次，全年六次。

(3) 水系的背景断面每年采样一次。受潮汐影响的监测断面的采样，分别在大潮期和小潮期进行。每次采集涨、退潮水样分别测定。涨潮水样应在断面处水面涨平时采样，退潮水样应在水面退平时采样。

(4) 如某必测项目连续三年均未检出，且在断面附近确定无新增排放源，而现有污染源排污量未增的情况下，每年可采样一次进行测定。一旦检出，或在断面附近有新的排放源或现有污染源有新增排污量时，即恢复正常采样。

(5) 国控监测断面（或垂线）每月采样一次，在每月 5—10 日进行采样。

(6) 遇有特殊自然情况或发生污染事故时，要随时增加采样频次。

(7) 在流域污染源限期治理、限期达标排放的计划和流域受纳污染物的总量削减规划中，以及为此所进行的同步监测，按"流域监测"执行。

(8) 为配合局部小流域的河道整治，及时反映整治的效果，应在一定时期内增加采样频次，具体由整治工程所在地方环境保护行政主管部门制定。

目前常规的地表水和饮用水水源地水质监测频次均为按月监测。

3. 数据整理与上报

纸质文件（邮寄传真）、电子件（光盘、邮件）、专用软件直接入库。

（二）重点流域水质监测方案

1. 月报范围及监测断面布设

重点流域月报的范围是淮河、海河、辽河、长江、黄河、松花江、珠江、太湖、滇池、巢湖等重点流域的 573 个国控水质监测断面和 25 个国控湖库的 110 个点位，断面（点位）名单见《国家环境质量监测网地表水监测断面》。浙闽片水系、西南诸河和内陆河流等流域片的 77 个水质监测国控断面和青海湖暂不实施水质月报。

　　监测断面上设置的采样垂线数与各垂线上的采样点按《环境监测技术规范》的规定执行，待新的《地表水和污水监测技术规范》颁布后，按照新规范执行。

　　2. 监测项目、监测频次与时间

　　(1) 月报监测与评价项目

　　河流水质：水温、pH、电导率、溶解氧、高锰酸盐指数、BOD$_5$、氨氮、石油类、挥发酚、汞、铅和流量共12项，其中流量用以分析水质变化趋势。

　　湖库水质：水温、pH、电导率、透明度、溶解氧、高锰酸盐指数、BOD$_5$、氨氮、石油类、总磷、总氮、叶绿素 a、挥发酚、汞、铅、水位共16项 (透明度和叶绿素 a 两项不参加水质类别的判断，参加湖库富营养化状态级别评价；水位用于分析水质变化趋势)。水质评价方法按《地表水环境质量标准》规定的执行。

　　(2) 监测频次

　　以上项目每月监测一次。《地表水环境质量标准》中规定的其他基本项目，按照《环境监测技术规范》要求的频次进行监测。

　　国控断面以外的省、市控断面由各省、市自行确定监测方案，或按照《地表水和污水监测技术规范》要求进行监测；国务院批准的重点流域水污染防治规划确定的控制断面中的非国控断面，按规划要求实施监测和评价。

　　(3) 监测时间

　　监测时间为每月1—10日：逢法定长假日 (春节、5月和10月) 监测时间可后延，最迟不超过每月15日。

　　当国控断面所在的河段发生凌汛和结冻、解冻等特殊情况以及河段断流无法采样时，对该断面可不进行采样监测，但须上报相应的文字说明。

　　3. 数据、资料上报要求

　　(1) 上报时间

　　流域内各监测站于每月20日前将当月监测结果报省 (自治区、直辖市) 环境监测 (中心) 站，各省 (自治区、直辖市) 环境监测 (中心) 站于监测当月25日前将本省 (自治区、直辖市) 的水质监测数据汇总后报中国环境监测总站及流域监测网络中心站。

　　流域监测网络监测中心站负责审核各站上报的监测数据并编制流域的

水质月报，于当月 30 日前报送中国环境监测总站。评价标准统一采用《地表水环境质量标准》。

(2) 传输内容、方式

重点流域水质月报监测数据的传输格式和方式由中国环境监测总站另行规定。

(三) 饮用水水源地水质监测方案

1. 监测目的

为全面开展全国集中式生活饮用水水源地水质监测工作，客观、准确地反映我国集中式饮用水水源水质状况，保障饮用水安全，制订本方案。

2. 监测范围

监测范围为全国 31 个省 (自治区、直辖市) 辖区内 338 个地级 (含地级以上) 城市及全国县级行政单位所在城镇，其中，地级 (含地级以上) 城市有861 个集中式饮用水水源地。

3. 水源地筛选原则

(1) 地级 (含地级以上) 城市，指行政级别为地级的自治州、盟、地区和行署；

(2) 县级行政单位所在城镇水源地，指向县级城市 (包括县、旗) 主城区(所在地) 范围供水的所有集中式饮用水水源；

(3) 集中式饮用水水源，只统计在用水源，而规划和备用水源不纳入；

(4) 各城市 (城镇) 集中式生活饮用水水源地的年取水总量需大于该城市年生活用水总量的 80%。

4. 采样点位布设

(1) 河流

在水厂取水口上游 100 m 附近处设置监测断面；同一河流有多个取水口，且取水口之间无污染源排放口，可在最上游 100 m 处设置监测断面。

(2) 湖、库

原则上按常规监测点位采样，但每个水源地的监测点位应在 2 个以上。

(3) 地下水

在自来水厂的汇水区 (加氯前) 布设 1 个监测点位。

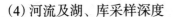

（4）河流及湖、库采样深度

水面下 0.5 m 处。

5. 监测时间及频次

（1）月监测

各地级（含地级以上）城市环境监测站每月上旬采样监测一次。如遇异常情况，则必须加密采样一次。

（2）季度监测

各县级行政单位所在城镇的集中式生活饮用水水源地由所属地级（含地级以上）城市环境监测站每季度采样监测一次。如遇异常情况，则必须加密采样一次。

（3）全分析

全国县级以上城市（含县所在城镇）的所有集中式生活饮用水水源地每年 6～7 月进行一次水质全分析监测。

6. 分析方法

地表水按《地表水环境质量标准》要求的方法，地下水按国家标准《生活饮用水卫生标准检验方法》执行。

7. 评价标准及方法

地表水水源水质评价执行《地表水环境质量标准》的Ⅲ类标准或对应的标准限值，其中粪大肠菌群和总氮作为参考指标单独评价，不参与总体水质评价，具体评价方法执行环保部门《地表水环境质量评价方法》；地下水水源水质评价执行《地下水质量标准》的Ⅲ类标准。

水质评价以Ⅲ类水质标准或对应的标准限值为依据，采用单因子评价法。

8. 质量保证

全国城市集中式生活饮用水水源地水质监测工作，原则上由辖区内地级城市环境监测站组织实施监测任务，若不具备监测能力，可委托省站完成监测分析工作（县级城镇监测任务由所属地市级监测站承担）。监测数据实行三级审核制度，监测任务承担单位对监测结果负责，省站对最后上报中国环境监测总站的监测结果负责。

质量保证和质量控制按照《地表水和污水监测技术规范》及《环境水质监测质量保证手册》有关要求执行。

9. 监测数据报送方式及格式

(1) 每月监测结果

各地级（含地级以上）城市环境监测站每月向各省（自治区、直辖市）环境监测中心（站）报送当月饮用水水源地水质监测数据，各省（自治区、直辖市）环境监测中心（站）审核后，于当月 20 日前通过"饮用水水源地月报填报传输系统"将数据报送中国环境监测总站。

(2) 每季度监测结果

各县级行政单位所在城镇的集中式生活饮用水水源地水质监测结果由所属地级城市环境监测站每季度向各省（自治区、直辖市）环境监测中心（站）报送，各省（自治区、直辖市）环境监测中心（站）审核后，于该季度最后一个月 20 日前通过"饮用水水源地月报填报传输系统"将数据报送中国环境监测总站。

(3) 全分析监测数据和评价报告

经各省（自治区、直辖市）环境监测部门审核后，于每年 10 月 15 日前通过"饮用水水源地月报填报传输系统"报送到监测总站，评价报告报送总站水室 FTP 服务器各省相应目录下。

四、水质监测的实施

(一) 概述

1. 耗氧性污染物

包括有机污染物和无机还原性物质，耗氧有机物和无机还原性物质可用化学耗氧量、高锰酸盐指数、五日生化需氧量等指标来反映其污染程度。

2. 植物营养物

包括含氮、磷、钾、碳的无机、有机污染物，会造成水体富营养化。

3. 痕量有毒有机污染物

如酚、卤代烃、氯代苯、有机氯农药、有机磷农药等。

4. 有毒无机污染物

如氰化物、硫化物、重金属等，这些污染物进入水体，其浓度超过水体本身的自净能力，就会使水质变坏，影响水质的可利用性。

(二) 水样类型

1. 瞬时水样

从水体中不连续地随机采集的样品称为瞬时水样。对于组分较稳定的水体，或水体的组分在相当长的时间和相当大的空间范围变化不大时，采集的瞬时样品具有较好的代表性。当水体的组分随时间发生变化，则要在适当的时间间隔内进行瞬时采样，分别进行分析，测出水质的变化程度、频率和周期。

下列情况适用地表水瞬时采样：

(1) 流量不固定、所测参数不恒定时 (如采用混合样，会因个别样品之间的相互反应而掩盖了它们之间的差别)；

(2) 水的特性相对稳定；

(3) 需要考察可能存在的污染物，或要确定污染物出现的时间；

(4) 需要污染物最高值、最低值或变化的数据时；

(5) 需要根据较短一段时间内的数据确定水质的变化规律时；

(6) 在制订较大范围的采样方案前；

(7) 测定某些不稳定的参数，例如溶解气体、余氯、可溶性硫化物、微生物、油类、有机物和 pH 时。

2. 混合水样

在同一采样点上以流量、时间、体积或是以流量为基础，按照已知比例 (间歇的或连续的) 混合在一起的样品，此样品称为混合样品。

混合样品混合了几个单独样品，可减少监测分析工作量，节约时间，降低试剂损耗。混合水样是提供组分的平均值，为确保混合后数据的正确性；测试成分在水样储存过程中易发生明显变化，则不适用混合水样法，如测定挥发酚、硫化物等。

3. 综合水样

把从不同采样点同时采集的瞬时水样混合为一个样品，称作综合水样。综合水样的采集包括两种情况：在特定位置采集一系列不同深度的水样 (纵断面样品)：在特定深度采集一系列不同位置的水样 (横截面样品)。综合水样是获得平均浓度的重要方式。

除以上几种水样类型，还有周期水样、连续水样、大体积水样。

(三) 水样采集

1. 基本要求

(1) 河流

在对开阔河流的采样时，应包括下列几个基本点：①用水地点的采样；②污水流入河流后，对充分混合的地点及流入前的地点采样；③支流合流后，对充分混合的地点及混合前的主流与支流地点的采样；④主流分流后地点的选择；⑤根据其他需要设定的采样地点。各采样点原则上应在河流横向及垂向的不同位置采集样品。采样时间一般选择在采样前至少连续两天晴天，水质较稳定的时间 (特殊需要除外)。

(2) 水库和湖泊

水库和湖泊的采样，由于采样地点和温度的分层现象可引起水质很大的差异。在调查水质状况时，应考虑到成层期与循环期的水质明显不同。了解循环期水质，可布设和采集表层水样；了解成层期水质，应按深度布设及分层采样。在调查水域污染状况时，需要进行综合分析判断，获取有代表性的水样，如在废水流入前、流入后充分混合的地点、用水地点、流出地点等采样。

2. 水样采集

(1) 采样器材

采样器材主要有采样器和水样容器。采样器包括聚乙烯塑料桶、单层采水瓶、直立式采水器、自动采样器。水样容器包括聚乙烯瓶 (桶)、硬质玻璃瓶和聚四氟乙烯瓶。聚乙烯瓶一般用于大多数无机物的样品，硬质玻璃瓶用于有机物和生物样品，玻璃或聚四氟乙烯瓶用于微量有机污染物 (挥发性有机物) 样品。

(2) 采样量

在地表水质监测中通常采集瞬时水样。采样量参照规范要求，即考虑重复测定和质量控制的需要的量，并留有余地。

(3) 采样方法

在可以直接汲水的场合，可用适当的容器采样，如在桥上等地方用系

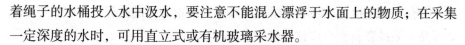

着绳子的水桶投入水中汲水，要注意不能混入漂浮于水面上的物质；在采集一定深度的水时，可用直立式或有机玻璃采水器。

（4）水样保存

在水样采入或装入容器中后，应按规范要求加入保存剂。

（5）油类采样

采样前先破坏可能存在的油膜，然后用直立式采水器把玻璃容器安装在采水器的支架中，将其放到300 mm深度，边采水边向上提升，在到达水面时剩余适当空间（避开油膜）。

3. 注意事项

（1）采样时不可搅动水底的沉积物。

（2）采样时应保证采样点的位置准确，必要时用定位仪（GPS）定位。

（3）认真填写采样记录表。

（4）采样结束前，核对采样方案、记录和水样是否正确，否则补采。

（5）测定油类水样，应在水面至300 mm范围内采集柱状水样，并单独采集，全部用于测定，采样瓶不得用采集水样冲洗。

（6）测定溶解氧、生化需氧量和有机污染物等项目时，水样必须注满容器，不留空间，并用水封口。

（7）如果水样中含沉降性固体，如泥沙（黄河）等，应分离除去，分离方法为：将所采水样摇匀后倒入筒形玻璃容器，静置30 min，将不含降尘性固体但含有悬浮性固体的水样移入盛样容器，并加入保存剂。但测定总悬浮物和油类除外。

（8）测定湖库水的化学耗氧量、高锰酸盐指数、叶绿素a、总氮、总磷时的水样，静置30 min后，先用吸管一次或几次移取水样，吸管进水尖嘴应插至水样表层50 mm以下位置，再加保护剂保存。

（9）测定油类、BOD_5、DO（溶解氧）、硫化物、余氯、粪大肠菌群、悬浮物、挥发性有机物、放射性等项目要单独采样。

（10）降雨与融雪期间地表径流的变化，也是影响水质的因素，在采样时应予以注意并做好采样记录。

4. 采样记录

样品注入样品瓶后，按照国家标准《水质采样样品的保存和管理技术规定》中有关规定执行。现场记录应从采样到结束分析的过程，其中始终伴随着样品。采样资料至少应该提供以下信息：

（1）测定项目；

（2）水体名称；

（3）地点位置；

（4）采样点；

（5）采样方式；

（6）水位或水流量；

（7）气象条件；

（8）水温；

（9）保存方法；

（10）样品的表观（悬浮物质、沉降物质、颜色等）；

（11）有无臭气；

（12）采样年、月、日，采样时间；

（13）采样人名称。

（四）保存与运输

1. 变化原因

从水体中取出代表性的样品到实验室分析测定的时间间隔中，原来的各种平衡可能遭到破坏。贮存在容器中的水样，会在以下三种作用下影响测定效果。

（1）物理作用

光照、温度、静置或震动，敞露或密封等保存条件以及容器的材料都会影响水样的性质。如温度升高或强震动会使得易挥发成分，如氰化物及汞等挥发损失；样品容器内壁会不可逆地吸附或吸收一些有机物或金属化合物等；待测成分从器壁上、悬浮物上溶解出来，都将导致成分浓度的改变。

（2）化学作用

水样及水样各组分可能发生化学反应，从而改变某些组分的含量与性质。例如空气中的氧能使 Fe^{2+}、S^{2-}、CN^-、Mn^{2+} 等氧化，Cr 被还原等；水样从空气中吸收了 CO_2、SO_2、酸性或碱性气体使水样 pH 发生改变，其结果

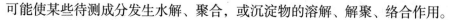

可能使某些待测成分发生水解、聚合，或沉淀物的溶解、解聚、络合作用。

（3）生物作用

细菌、藻类及其他生物体的新陈代谢会消耗水样中的某些组分，产生一些新的组分，改变一些组分的性质；生物作用会对样品中待测物质如溶解氧、含氮化合物、磷等的含量及浓度产生影响，如硝化菌的硝化和反硝化作用，致使水样中氨氮、亚硝酸盐氮和硝酸盐氮的转化。

2. 容器选择

选择样品容器时应考虑组分之间的相互作用、光分解等因素，还应考虑生物活性。最常遇到的是样品容器清洗不当、容器自身材料对样品的污染和容器壁上的吸附作用。

（1）一般的玻璃瓶在贮存水样时可溶解出钠、钙、镁、硅、硼等元素，在测定这些项目时，避免使用玻璃容器。

（2）容器的化学和生物性质应该是惰性的，以防止容器与样品组分发生反应。如测定氟时，水样不能贮存在玻璃瓶中，因为玻璃与氟发生反应。

（3）对光敏物质可使用棕色玻璃瓶。

（4）一般玻璃瓶用于有机物和生物品种，塑料容器适用于含玻璃主要成分的元素的水样。

（5）待测物吸附在样品容器上也会引起误差，尤其是测定痕量金属；其他待测物如洗涤剂、农药、磷酸盐也会因吸附而引起误差。

3. 贮存方法

（1）充满容器或单独采样

采样时使样品充满容器，并用瓶盖拧紧，使样品上方没有空隙，减小 Fe^{2+} 被氧化，氰、氨及挥发性有机物的挥发损失。对悬浮物等定容采样保存，并全部用于分析，即可防止样品的分层或吸附在瓶壁上而影响测定结果。

（2）冷藏或冰冻

在大多数情况下，从采集样品后到运输再到实验室期间，在1℃～5℃冷藏并暗处保存，对样品就足够了。冷藏并不适用长期保存，用于废水保存时间更短。

(3) 过滤

采样后，用滤器 (聚四氟乙烯滤器、玻璃滤器) 过滤样品就可以除去其中的悬浮物、沉淀、藻类及其他微生物。滤器的选择要注意与分析方法相匹配，用前应清洗并避免吸附、吸收损失，因为各种重金属化合物、有机物容易吸附在滤器表面，滤器中的溶解性化合物如表面活性剂会滤到样品中。一般测有机物项目时选用砂芯漏斗和玻璃纤维漏斗，而在测定无机物项目时常用 0.45 μm 有机滤膜过滤。

过滤样品的目的是区分被分析物的可溶性和不可溶性的比例 (例如可溶和不可溶金属部分)。

(4) 添加保存剂

①控制溶液 pH

测定金属离子的水样常用硝酸酸化，既可以防止重金属的水解沉淀，又可以防止金属在器壁表面上的吸附，同时还能抑制生物活动，如测定氰化物的水样需加氢氧化钠，这是由于多数氰化物活性很强而不稳定，当水样偏酸性时，可产生氰化氢而逸出。

②加入抑制剂

在测酚水样中加入硫酸铜可控制苯酚分解菌的活动。

③加入氧化剂

水样中痕量汞易被还原，引起汞的挥发性损失，实验研究表明，加入硝酸 – 重铬酸钾溶液可使汞维持在高氧化态，汞的稳定性大为改善。

④加入还原剂

测定硫化物的水样，加入抗坏血酸对保存有利。

所加入的保存剂有可能改变水中组分的化学或物理性质，因此选用保存剂要考虑对测定项目的影响。如待测项目是溶解态物质，酸化会引起胶体组分和固体的溶解，则必须在过滤后再酸化保存。

必须要做保存剂空白试验，并对结果加以校正。特别对微量元素的检测。

4.有效保存期

水样的有效保存期的长短依赖以下各因素。

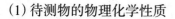

（1）待测物的物理化学性质

稳定性好的成分，保存期就长，如钾、钠、钙、镁、硫酸盐、氯化物、氟化物等；不稳定的成分，水样保存期就短，甚至不能保存，需取样后应立即分析或现场测定，如pH、电导率、色度应在现场测定，BOD、COD、氨、硝酸盐、酚、氰应尽快分析。

（2）待测物的浓度

一般来说，待测物的浓度高，保存时间就长，否则保存时间短。大多数成分在 10^{-9} 级溶液中，通常是很不稳定的。

（3）水样的化学组成

清洁水样保存期长些，而复杂的生活污水和工业废水保存时间就短。

5.水样的运输

水样采集后，除现场测定项目，应立即送回实验室。运输前，将容器的盖子盖紧，同一采样点的样品应装在同一包装箱内，如需分装在两个或几个箱子中时，则需在每个箱内放入相同的现场采样记录表。每个水样瓶需贴上标签，内容有采样点编号、采样日期和时间、测定项目、保存方法及使用的何种保存剂。在运输途中如果水样超出了保质期，样品管理员应对水样进行检测；如果决定仍然进行分析，那么在出报告时，应明确标出采样和分析时间。

（五）分析方法

随着我国环境保护事业的迅速发展，水质监测分析方法不断在完善，检测仪器逐渐向自动化更新。虽然目前新的检测分析方法不能全部替代旧的方法，但不常用的旧分析方法从少用逐渐可以过渡到不使用。

根据国家计量部门要求，环境监测实验室检测方法选择原则是首选国家标准分析方法，环境行业标准方法、地方规定方法或其他方法。这里列出的检测方法主要思路是：

（1）选项以地表水环境质量监测项目（109项）为准，基本涵盖了109项指标的现有水质环境监测分析方法；

（2）分析方法选择来源：中国环境标准发布的水环境标准检测方法（最新）、国家生活饮用水标准检验方法、《水和废水监测分析方法》以及其他检测方法；

(3) 每个指标的检测分析方法尽量包括不同检测手段的方法，如经典化学分析法、仪器分析法和自动化仪器分析法；

(4) 按照选择方法的原则(国标、行标、地标)顺序，建议同一种分析方法尽量使用最新版本，不具备新方法条件的可以使用另外一种分析方法(两种方法灵敏度一致)的较新方法。

(六) 数据填报

1. 填报内容及格式

国家地表水环境检测数据传输系统中除水环境监测数据，还包括测站名称、测站代码、河流名称、河流代码、断面名称、断面代码、控制属性、采样时间、水期代码。水环境监测数据包括河流和湖库水体监测数据。具体如下。

河流：水温、流量、pH、电导率、溶解氧、高锰酸盐指数、五日生化需氧量、氨氮、石油类、挥发酚、汞、铅、化学需氧量、总氮、总磷、铜、锌、氟化物、硒、砷、镉、六价铬、氰化物、阴离子表面活性剂、硫化物、粪大肠菌群。

湖库：水温、水位、pH、电导率、透明度、溶解氧、高锰酸盐指数、五日生化需氧量、氨氮、石油类、总氮、总磷、叶绿素 a、挥发酚、汞、铅、化学需氧量、铜、锌、氟化物、硒、砷、镉、六价铬、氰化物、阴离子表面活性剂、硫化物、粪大肠菌群。

2. 数据的合法性

所有上报的监测数据必须是符合《地表水和污水监测技术规范》要求的数据，不符合要求的数据不得填表、不得上报、不得录入系统。

3. 数据的有效性

所有上报的监测数据必须是有效值。在依据《地表水和污水监测技术规范》测得的监测数据中，如果发现可疑数据，应结合现场进行分析，找出原因或进行数据检验，若被判为奇异值的应为无效数据。所有被判为无效值的数据不得填表、不得上报、不得录入系统。

4. 特殊数据

无值的代替符：当因河流断流未监测或某项目无监测数据时，需填报"-1"作为无值代替符。在数据统计时不参与数据计算。

5. 检出限的填写

当某项目未检出时，需填写检出限后加"L"。

检出限要低于《地表水环境质量标准》Ⅰ类标准限值的1/4，否则要更换方法，以满足该要求。对有的监测项目的监测方法目前无法满足要求时，可适当放宽，但禁止采用检出限就超标的监测分析方法。对无法满足要求的环境监测站应委托监测或由上一级环境监测站实施监测。

6. 计量单位

各监测项目的浓度计量单位一般采用 mg/L。特殊项目的计量单位，如流量：m^3/s；电导率：mS/m；水位：m；水温：℃；透明度：cm；粪大肠菌群：个/L。填写时需注意：水中汞和叶绿素 a 浓度的单位都是 mg/L，而不是 μg/L，填报时容易出错。

数据填报要在规定的时间内完成上报。通过系统上报的，其填报的数据都应进行进一步审核，防止出现错填、漏填和串行(列)填写等错误。

7. 可疑数据的处理

对审核可疑的监测数据必须通知地方监测站并进行确认。确信无误后的水质监测数据方可入库。入库后数据不能随意改动，地方站也不能多次上报监测数据入库。如果确认上报数据有误时，需按正常程序以文件形式说明数据的修改理由，并附原始监测数据材料，说明不是人为有意修改数据。无理由和无原始监测数据材料证明时任何人都不得修改已入库的监测数据。

8. 空白格的处理

所填写的监测数据表格不能出现空白格。不能因为某月或某个时间段未监测就不上报数据。未采样监测的断面或项目导致无监测数据的都要填写"-1"。

(七) 数据审核

对收集到的水质监测数据的审核是非常必要的步骤，但对数据的审核也是比较困难的。因为汇集到国家或省级环境监测站的数据库系统后水质监测数据量都比较大，也不可能对所有承担监测任务的监测站的整个水质监测过程都十分清楚，如采样方法、检测方法等。虽然如此，也可以通过监测断面、监测项目间的内在联系以及逻辑关系进行审核，找出有疑义的数据，最终通过地方站进一步审核。

对于汇总后的监测数据的审核，应从全局的观点进行审核，既要考虑不同样品间时间和空间的联系，也要考虑同一样品不同监测项目间的相互逻辑关系。

1. 数据的客观规律

环境监测数据是目标环境内在质量的外在表现，它有着自身的规律和稳定性，在审核时，技术人员根据对客观环境的认识和对历年环境监测资料的研究，在一定程度上掌握客观环境变化的规律后，可以利用这些规律对实际环境监测数据进行纵向比较，从而及时发现明显有异于常识的离群数据。比如一般情况下，背景（对照）断面的各指标的浓度应低于其下游控制断面的各指标的浓度（溶解氧则相反），各指标的浓度时空分布出现反常现象，溶解氧过饱和现象，pH 不在 6~9 范围等。当出现上述异常情况时，就应该对数据进行深入分析，以确定数据是否符合实际，并进一步找到隐藏其后的深层次的原因。能够说明原因的可认为数据正常，如水体发生富营养化，出现水华时，溶解氧会异常升高，达到过饱和，此时 pH 超过 9。

叶绿素 a 一般不会超过 1 mg/L，当填报浓度大于 1 时可认定是计量单位搞错了，即填报数据与实际浓度值相差了 1 000 倍。

2. 监测项目间的关联性

同一点位、同一次监测中不同项目的监测结果应与其相互间的关联性相吻合，了解这些关系有助于分析和判断数据的可靠性。COD_{Cr} 与 BOD_5 及高锰酸盐指数之间的关系。同一水样 COD_{Cr} 与高锰酸盐指数在测定中所用氧化剂的氧化能力不同，因此决定了 COD_{Cr} 高锰酸盐指数；BOD_5 是在已测得 COD_{Cr} 含量基础上，围绕 BOD_5 预期值进行稀释的，所以 $COD_{Cr} > BOD_5$。

3. 利用各监测项目之间的逻辑关系

对同一个监测断面的各监测项目之间存在一定的逻辑关系。六价铬浓度不能大于总铬浓度；硝酸盐氮、亚硝酸盐氮和氨氮的各单项浓度不应大于总氮浓度，各单项浓度之和也不应大于总氮浓度；一般情况下水中溶解氧值

不应大于相应水温下的饱和溶解氧值等。充分利用这些关系，可以使数据审核达到事半功倍的效果。

4. 数据填写失误

通过国家地表水环境监测数据传输系统可以自动检查采样日期是否合法；数据监测值是否大于检出上限或者小于检出下限；如果是未检出，则判断最低检出限的一半是否超过三类标准值；数据项是否为合法；重金属及有毒有害物质是否超标 20% 以上；等等。通过这些手段可以尽量避免一些数据输入时的操作错误。

五、水环境质量评价

地表水环境质量综合评价工作是环境监测工作的最主要的一个环节。综合分析需要应用的科学知识多，涉及的学科领域广。既要掌握数据综合评价模型设计计算等工具，还要有分析、推理、归纳、判断等能力。因此，综合分析能力更能反映出一个监测站的水平。

为了搞好地表水环境综合评价工作，应以全面、系统、准确的环境监测数据为基础，以科学的数据处理方法、合理适用的评价模式、形象直观的表征为手段，以强化环境质量变化原因分析为突破口，全面提高水环境监测综合评价能力。

水环境评价工作具有正确性、及时性、科学性、可比性和社会性。

(一) 分类

地表水环境质量评价可分为以下几部分。

(1) 河流、湖泊、水库水质评价。

(2) 湖泊、水库营养状态评价。

(3) 河流、湖泊、水库水环境质量综合评价。

(4) 水环境功能区达标评价。

(5) 河流、湖泊、水库水环境质量变化趋势评价及其原因分析。

地表水环境质量评价方法是地表水环境质量状况评价、水环境功能区达标评价方法、水环境质量变化趋势及其原因分析的基本方法。

(二) 评价方法

1. 水质评价指标选择

水质月报参与评价的水质指标为: pH、溶解氧、高锰酸盐指数、五日生化需氧量、氨氮、汞、铅、挥发酚、石油类。

总氮和总磷作为湖库水体营养状态的评价指标,不作为湖库水质评价指标。总磷仍然作为河流水质评价指标。

粪大肠菌群作为水体卫生状况和非集中供水水源地水质评价的指标,不参与河流及湖库水质类别评价。

考虑到我国目前常规水环境质量监测频率,水温难以按照周来考核,因此,水温指标不参与评价。

2. 湖库营养状态评价

湖泊、水库营养状态评价选择指标包括叶绿素 a、总磷、总氮、透明度和高锰酸盐指数。

湖泊、水库营养状态评价针对表层 0.5 m 水深测点的营养状态指标值进行评价。根据湖泊、水库营养状态发布的周期,湖泊、水库营养状态评价一般可按照旬、月、水期、季度、年度评价。以季度和年度评价为主。

短期评价 (旬报、月报等) 时,可采用一次监测的结果进行评价,旬内、月内有多次监测数据时,应先将评价区内所有监测点位的监测值做空间算术平均,再做时间算术平均,分别对平均结果进行评价。

季度评价、水期评价有 2 次以上 (含 2 次) 的监测数据,先做空间算术平均,再做时间算术平均,分别对其结果进行营养状态评价。

年度评价应采用 6 次以上 (含 6 次) 的监测数据,先做空间算术平均,再做时间算术平均,分别对其结果进行营养状态评价。

湖泊、水库营养状态评价方法采用综合营养指数法 (TLI) 评价。分级方法是采用 0 ~ 100 的一系列连续数字对湖泊营养状态进行分级,包括贫营养、中营养、轻度富营养、中度富营养和重度富营养。

(三) 水质趋势分析

1. 基本要求

进行同一河流、水系与前一时段、前一年度同期或多时段趋势比较时，必须满足下列三个条件，以保证数据的可比性。

(1) 评价时选择的监测指标必须相同；

(2) 评价时选择的断面基本相同；

(3) 定性评价必须以定量评价为依据。

2. 不同时段定量比较

不同时段定量比较是指同一断面 (河流、水系或湖库) 的水质或营养状态与前一时段、前一年度同期或某两个时段进行比较。

(1) 一个断面 (测点) 水质或营养状态变化的定量比较

评价某一断面 (测点) 在不同时段的水质或营养状态变化时，可直接比较评价单个指标的浓度值、水质污染指数或营养状态评分值，并以柱状图或折线图表征其比较结果。

(2) 某一河流 (湖泊) 水质或营养状态变化的定量比较

对不同时段的某一河流水质或湖泊、水库营养状态的时间变化趋势进行评价，河流、水系监测断面总数在 5 个 (含 5 个) 以上时，采用优良断面百分率 (或重度污染断面百分率) 法。

河流、水系监测断面总数小于 5 个时，采用水质监测的平均值计算水质污染指数 (Water Pollution Index，WPI) 或湖库营养状态指数进行比较。

(四) 水质变化分析

当评价对象的水环境质量发生明显变化时，应对引起水环境质量变化的主要原因进行分析，并在此基础上提出污染防治的对策和建议。

水环境质量变化的原因分析主要从直接影响因素，如水情变化、排污量变化等，间接影响因素，如经济发展、人口变化、污染治理投资等，进行相关分析，从而得出影响水体质量变化的主要原因，为水环境污染防治决策和措施的制定提供技术支持。

第二节　大气监测

一、空气污染物及其状态

(一) 大气与空气

大气是指包围在地球周围的气体，其厚度达1000～1400km，世界气象组织按大气温度的垂直分布将大气分为对流层、平流层、中间层、热成层、逸散层。而空气则是指对人类及生物生存起重要作用的近地面约10km内的气体层 (对流层)，占大气总质量的95%左右。一般来说，空气范围比大气范围要小得多。但在环境污染领域，"大气"与"空气"一般不予区分，常作为同义词使用。

自然状态下，大气是由混合气体、水汽和杂质组成。根据其组成特点可分为恒定组分、可变组分、不定组分。氮气、氧气、氩气占空气总量的99.97%，在近地层大气中上述气体组分的含量被认为几乎是不变的，被称为恒定组分。可变的组分包括二氧化碳、水蒸气、臭氧等。这些气体受地区、季节、气象以及人们生活和生产活动的影响，并随时间、地点、气象条件等的不同而变化。不定组分是由自然因素和人为因素形成的气态物质和悬浮颗粒，如尘埃、硫、硫氧化物、硫化氢、氮氧化物等。

(二) 空气污染物及其存在状态

空气污染物系指由于人类活动或自然过程排入空气的并对人或环境产生有害影响的物质。空气污染物种类繁多，是由气态物质、挥发性物质、半挥发性物质和颗粒物质 (PM) 的混合物组成的，其组成成分形态多样，性质复杂。目前已发现有害作用而被人们注意到的有100多种。

1. 空气污染物的分类

依据空气污染物的形成过程，通常将空气污染物分为一次污染物和二次污染物。

一次污染物是直接从各种污染源排放到大气中的有害物质，常见的主要有二氧化硫、氮氧化物、一氧化碳、碳氢化合物、颗粒性物质等。颗粒性

物质中包含苯并 [a] 芘等强致癌物质、有毒重金属、多种有机物和无机物等。

二次污染物是一次污染物在大气中相互作用或它们与大气中的正常组分发生反应所产生的新污染物。常见的二次污染物有硫酸盐、硝酸盐、臭氧、醛类（乙醛和丙烯醛等）、过氧乙酰硝酸酯（PAN）等。二次污染物的毒性一般比一次污染物的毒性大。

2. 空气中污染物的存在状态

由于各种污染物的物理、化学性质不同，形成的过程和气象条件也不同，因此，污染物在大气中存在的状态也不尽相同。一般按其存在状态分为分子状态污染物和粒子状态污染物两类。分子状态污染物也称气体状态污染物，粒子状态污染物也称气溶胶状态污染物或颗粒污染物。

（三）空气中污染物的时空分布特征

1. 污染物在空气中时空分布受气象条件变化的影响显著

气象条件改变会显著影响空气中污染物的稀释与扩散情况，进而影响其时空分布特征。风向、风速、大气湍流、大气稳定度等气象条件总在不停地改变，因而，同一污染源对同一地点在不同时间所造成的地面空气污染浓度往往相差数倍至数十倍；同一时间不同地点也相差甚大。二氧化氮等一次污染物因受逆温层及气温、气压等限制，清晨和黄昏浓度较高，中午较低；光化学烟雾等二次污染物，因在阳光照射下才能形成，故中午浓度较高，清晨和夜晚浓度低。风速大，大气不稳定，则污染物稀释扩散速度快，浓度变化也快；反之，稀释扩散慢，浓度变化也慢。

2. 污染物在空气中时空分布因污染源类型和污染物性质不同而不同

污染源的类型、排放规律及污染物的性质不同，其时空分布特点也不同。点污染源或线污染源排放的污染物浓度变化较快，涉及范围较小；大量地面小污染源（如分散供热锅炉等）构成的面污染源排放的污染浓度分布比较均匀，并随气象条件变化有较强的变化规律。质量轻的分子态或气溶胶态污染物高度分散在空气中，易扩散和稀释，随时空变化快；质量较重的尘、汞蒸气等，扩散能力差，影响范围较小。

3. 污染物在空气中时空分布因地形地貌的改变而变化

地形地貌影响风向、风速和大气稳定度，进而影响空气污染物的时空分布特征。相同排放强度的同一类污染源在平原地区与在山谷地区、在郊区农村与在城镇市区所造成的污染情况不同。同一空气污染事故，发生在不同地形地貌的区域，其空气中污染物含量的分布也会不同。

二、空气污染监测分类

(一) 污染源的监测

如对烟囱、机动车排气口的监测。目的是了解这些污染源所排出的有害物质是否达到现行排放标准的规定；对现有的净化装置的性能进行评价；通过对长期监测数据的分析，可为进一步修订和充实排放标准及制定环境保护法规提供科学依据。

(二) 环境污染监测

监测对象不是污染源而是空气。目的是了解和掌握环境污染的情况，进行空气污染质量评价，并提出警戒限度；研究有害物质在空气中的变化规律，二次污染物的形成条件；通过长期监测，为修订或制定国家卫生标准及其他环境保护法规积累资料，为预测预报创造条件。

(三) 特定目的的监测

选定一种或多种污染物进行特定目的的监测。例如，研究燃煤火力发电厂排出的污染物对周围居民呼吸道的危害，首先应选定对上呼吸道有刺激作用的污染物 SO_2、H_2SO_4、雾、飘尘等做监测指标，再选定一定数量的人群进行监测。由于目的是监测污染物对人体健康的影响，所以测定每人每日对污染物接受量，以及污染物在一天或一段时间内的浓度变化，就是这种监测的特点。

三、空气污染监测技术的发展

(一) 在线自动监测系统

环境中污染物质的浓度和分布是随时间、空间、气象条件及污染源排放情况等因素的变化而不断变化的。由于定时、定点人工采样测定结果不能确切反映污染物质的动态变化规律，20 世纪 70 年代初，一些国家和地区相继建立起了常年连续工作的大气污染自动监测系统和水质污染连续监测系统，使环境监测工作向连续自动化方向发展。

空气污染自动监测系统（APMS）就是在一个工厂、一个城市、一个地区甚至一个国家设置若干装有连续监测仪器的自动监测站，由一个中心站控制若干个子站进行信息传输的系统。

空气污染自动监测系统的采样装置比较简单，一般用适当的探头在监测位置直接抽取气样。

空气污染自动监测系统的检测仪器分为两类：一类是测定气象参数的仪器，如气温、气压、风向、风速、湿度及日照等检测仪器；另一类是测定大气污染物浓度的仪器。污染物监测项目是由监测系统的设置任务而决定的。通常情况下，污染物浓度的监测项目有二氧化硫、氮氧化物、一氧化碳、臭氧、总烃及飘尘等。

（二）便携式现场监测仪器

我国地域辽阔，各类企业分布很广，突发性环境空气污染事故不断发生。因此，简易便携式现场监测仪器有很大的应用前景。这类仪器的使用不仅可以减少环境试样在传输过程中的污染，减少固定和保存的繁杂手续，还可以大大减少分析人员的工作量，便于实时掌握环境空气污染的动态变化趋势。但从目前的便携式现场监测仪器来看，无机污染物的监测分析仪器较多，开发有机污染物的监测分析仪器是该领域的发展方向。

便携式仪器具有防尘、防水、质轻和耐腐蚀等特性，再加上配有手提工作箱，所有附件一应俱全，便于野外操作。仪器可以自动多点校正，自动温度补偿，可自动完成查找方法、调试波长、测试、显示结果等过程，并可储存数据。

按测试项目仪器可分为单项分析型和多项分析型。单项分析型只能测试单一参数，而多项分析型可同时测定两个以上的参数。各测试探头均使用不锈钢制造，电极端可再外加塑料保护套，确保坚固耐用。测试时先根据监测任务的要求，利用各部件均可独立更换的特性，自由选配不同的电极组成一个测试系统，再用特定的校准溶液校正后，将电极浸入水中，即可得到测定结果。

（三）遥感遥测技术

遥感遥测技术是通过收集环境的电磁波信息对远离的环境目标的环境质量状况进行监测识别的技术。它是一种先进的环境信息获取技术，其在获取大面积同步和动态环境信息方面"快"且"全"，是其他环境监测手段无法比拟和完成的，因此得到日益广泛的应用。

遥感遥测技术无须采样，可以直接监测到环境空气中污染物的种类、分布及运动情况。从工作原理上来分，遥感遥测技术可分为感应遥测和激发遥测两大类。

感应遥测是通过接收监测目标反射的太阳光或发射的能量进行测量的。激发遥测是将电磁波或激光光束射入空气，由于反射波或反射光随空气的化学组成的不同而变化，通过对反射波或反射光的分析，测量出污染物的分布情况。激发遥测一般指的是激光雷达遥测。

"3S"技术是指遥感 RS（Remote Sensing）、全球定位系统 GPS（Global Position System）和地理信息系统 GIS（Geographic Information System）。前两个"S"是通过遥感接收、传送的；后一个"S"是对地面的计算机图像图形和属性数据的处理。整体"3S"系统要经过地面和卫星遥感通信连成计算机网络。

"3S"技术已发展成在世界范围内研究人类生活的地球环境变迁及进一步探讨人类本身生存与可持续发展问题的强大技术支撑。

（四）环境空气监测技术发展趋势

目前，国内外环境监测领域的发展集中在以下几个方面：

（1）以现场人工采样和实验室分析为主向多参数网络在线、多功能自动化监测方向发展；

（2）环境空气样品处理技术由手工单样品处理向在线自动化和批量化处理方向发展；

（3）由较窄领域的局部监测、单纯的地面环境监测向全方位领域监测和

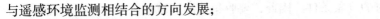

与遥感环境监测相结合的方向发展；

（4）野外和现场环境空气监测仪器将向便携式、小型化方向发展；

（5）环境空气监测仪器向物理、化学、生物、电子、光学等技术综合应用的高技术领域发展，并表现出高精度、自动化、集成化和网络化；

（6）环境空气监测方法的综合性、灵敏性和多功能性日益增强，方法检测限越来越低。

四、空气污染监测方案的制订

制订空气污染监测方案首先需要根据监测目的进行调查研究，收集必要的基础资料，然后经过综合分析，确定监测项目，设计布点网络，选定采样频率、采样方法和监测技术，建立质量保证程序和措施，提出监测结果报告要求及进度计划。

（一）监测目的

（1）通过对空气环境中主要污染物进行定期或连续的监测，判断空气质量是否符合国家制定的空气质量标准，并为编写空气环境质量标准状况评价报告提供依据。

（2）为研究空气质量的变化规律和发展趋势，开展空气污染的预测预报工作提供依据。

（3）为政府部门执行有关环境保护法规，开展环境质量管理及修订空气环境质量标准提供基础资料和依据。

（二）基础资料的收集

1.污染源分布及排放情况

将污染源类型、数量、位置及排放的主要污染种类、排放量和所用的原料、燃料及消耗量等调查清楚。另外，要注意将高烟囱排放的较大污染源与低烟囱排放的小污染源区别开来；将一次污染物和由于光化学反应产生的二次污染物区别开来。

2.气象资料

污染物在大气中的扩散、输送和一系列的物理、化学变化在很大程度上取决于当时的气象条件。因此，要收集监测区域的风向、风速、气温、气压、降水量、日照时间、相对湿度、温度的垂直梯度和逆温层底部高度等资料。了解本地常年主导风向，大致估计出污染物的可能扩散概况。

3. 地形资料

地形对当地的风向、风速和大气稳定情况等有影响，因此其是设置监测网点时应考虑的重要因素。

4. 土地利用和功能分区情况

工业区、商业区、居民区、混合区等不同功能区，其空气污染状况及空气质量要求各不相同，因而在设置监测网点时，必须分别予以考虑。因此，在制订空气污染监测方案时应当收集监测区域的土地利用情况及功能区划分方面的资料。

5. 人口分布及人群健康情况

开展空气质量监测是为了了解空气质量状况，保护人群健康。因此收集掌握监测区域的人口分布、居民和动植物受空气污染危害情况以及流行性疾病等资料，对制订监测方案、分析判断监测结果是非常有用的。

6. 监测区域以往的大气监测资料

可以利用已有的监测资料推断分析应设监测点的数量和位置。

(三) 监测项目确定

空气中的污染物质多种多样，应根据优先监测的原则，选择那些危害大、涉及范围广、测定方法成熟，并有标准可比的项目进行监测。

1. 必测项目与选测项目

必测项目：SO_2、氮氧化物、TSP、硫酸盐化速率、灰尘、自然降尘量。

选测项目：CO、飘尘、光化学氧化剂、氟化物、铅、Hg、苯并 [a] 芘、总烃及非甲烷烃。

2. 连续采样实验室分析项目

必测项目：SO_2、氮氧化物、总悬浮颗粒物、硫酸盐化速率、灰尘、自然降尘量。

选测项目：CO、可吸入颗粒物（PM10、PM2.5）、光化学氧化剂、氟化物、铅、苯并 [a] 芘、总烃及非甲烷烃。

3. 空气环境自动监测系统监测项目

必测项目：SO_2、NO_2、总悬浮颗粒物或可吸入颗粒物（PM10、PM2.5）、CO。

选测项目：臭氧、总碳氢化合物。

（四）监测网点的布设

1. 采样点布设原则和要求

（1）采样点应设在整个监测区域的高、中、低三种不同污染物浓度的地方。

（2）采样点应选择在有代表性的区域内，按工业和人口密集的程度以及城市、郊区和农村的状况酌情增加或减少采样点。

（3）采样点要选择在开阔地带，应在风向的上风口，采样口水平线与周围建筑物高度的夹角应不大于300°，测点周围无局部污染源，并应避开树木及吸附能力较强的建筑物。交通密集区的采样点应设在距人行道边缘至少1.5m 远处。

（4）各采样点的设置条件要尽可能一致或标准化，使获得的监测数据具有可比性。

（5）采样高度应根据监测目的而定。研究大气污染对人体的危害，采样口应在离地面 1.5 ~ 2m 处；研究大气污染对植物或器物的影响，采样点高度应与植物或器物的高度相近。连续采样例行监测采样高度为距地面 3 ~ 15m，以 5 ~ 10m 为宜；降尘的采样高度为距地面 5 ~ 15m，以 8 ~ 12m 为宜。TSP、降尘、硫酸盐化速率的采样口应与基础面有 1.5m 以上的相对高度，以减少扬尘的影响。

2. 采样点数目

在一个监测区内，采样点的数目设置是一个与精度要求和经济投资相关的效益函数，应根据监测范围大小、污染物的空间分布特征、人口分布密度、气象、地形、经济条件等因素综合考虑确定。

3. 采样点布设方法

（1）功能区布点法

功能区布点法多用于区域性常规监测。布点时先将监测地区按环境空气质量标准划分成若干"功能区",如工业区、商业区、居民区、居住与中小工业混合区、市区背景区等,再按具体污染情况和人力、物力条件在各区域内设置一定数目的采样点。各功能区的采样点数不要求平均,一般在污染较集中的工业区和人口较密集的居民区多设采样点。

(2) 网格布点法

对于多个污染源,且在污染源分布较均匀的情况下,通常采用网格布点法。此法是将监测区域地面划分成若干均匀网状方格,采样点设在两条直线的交点处或方格中心。网格大小视污染强度、人口分布及人力、物力条件等确定。若主导风向明显,下风向设点要多一些,一般约占采样点总数的60%。

(3) 同心圆布点法

同心圆布点法主要用于多个污染源构成的污染群,且重大污染源较集中的地区。先找出污染源的中心,以此为圆心在地面上画若干个同心圆,再从圆心作若干条放射线,将放射线与圆周的交点作为采样点。圆周上的采样点数目不一定相等或均匀分布,常年主导风向的下风向应多设采样点。例如,同心圆半径分别取 5km、10km、15km、20km,从里向外各圆周上分别设 4、8、8、4 个采样点。

(4) 扇形布点法

扇形布点法适用于孤立的高架点源,且主导风向明显的地区。以点源为顶点,呈 45° 扇形展开,夹角可大些,但不能超过 90°,采样点设在扇形平面内距点源不同距离的若干弧线上。每条弧线上设 3 或 4 个采样点,相邻两点与顶点的夹角一般取 10° ~ 20°。应在上风向设对照点。

(5) 平行布点法

平行布点法适用于线性污染源。线性污染源如公路等,先在距公路两侧 1m 左右布设监测网点,然后在距公路 100m 左右的距离布设与前面监测点对应的监测点,目的是了解污染物经过扩散后对环境产生的影响。在前后两点对比采样的时候需注意污染物组分的变化。

在采用同心圆布点法和扇形布点法时,应考虑高架点源排放污染物的扩散特点,在不计污染物本底浓度时,点源脚下的污染物浓度为零,随着距离增加,很快出现浓度最大值,然后按指数规律下降。因此,同心圆或弧线不宜等距离划分，而是应靠近最大浓度值的地方密一些，以免漏测最大浓度的位置。

以上几种采样布点的方法，可以单独使用，也可以综合使用，目的就是要有代表性地反映污染物浓度，为大气环境监测提供可靠的样品。

(五) 采样时间和采样频率

采样时间指每次从开始到结束所经历的时间，也称采样时段。采样频率指在一定时间范围内的采样次数。

采样时间和频率要根据监测目的、污染物分布特征及人力物力等因素决定。短时间采样，试样缺乏代表性，监测结果不能反映污染物浓度随时间的变化，仅适用于事故性污染、初步调查等的应急监测。增加采样频率，也就相应地增加了采样时间，积累足够多的数据，样品就具有较好的代表性。

最佳采样和测定方式是先使用自动采样仪器进行连续自动采样，再配以污染组分连续或间歇自动监测仪器，其监测结果能很好地反映污染物浓度的变化，能取得任意一段时间 (一天、一月或一季) 的代表值 (平均值)。因监测项目不同，其采样频率和采样时间也不同。

第三节　土壤监测

一、土壤环境监测质量管理

(一) 国家监测网质量体系建设

针对国家网环境监测任务，为进一步规范环境监测行为，总站以全面、科学、合理、可行、可拓展以及全过程、全要素质量管理的理念为出发点，针对性地提出了国家网环境监测质量管理体系，其中包括 13 个要素，分别是：监测机构、人员、监测设施和环境、监测仪器设备、质量体系、监测活动、内部质量管理、文件控制、记录、档案、质量管理报告、信息备案和报告、外部质量监督。国家网出台的《质量体系文件》对监测任务和监测机构提出全面、系统、具体的质量管理要求，特别明确了监测机构自我完善的自律性要求、内部质量管理的计划性和总结评价规定、监测记录、档案管理和备案制度等。

(二) 强化监测过程控制

有效控制监测活动的实施过程是保证数据质量的关键。以监测技术和质量控制技术为基础，确定技术要点和控制环节，采取多渠道、多措施、多手段、多方式的管理模式，建立科学、合理、可行、有效、系统的质量管理和监督机制，有效控制整个监测过程中的关键节点，保证监测质量。按照质量体系要求，加强监测机构自律，监测机构需要严格内部质量控制，并加强内部和外部质量监督，进行数据质量总结，编写质量管理报告提交给总站，并将完成监测任务产生的技术资料、档案资料一并提交总站。

(三) 健全质量总结制度

监测任务完成后，总站要及时完成质量总结报告。根据监测机构的内部质量管理报告和附加体系文件对其质量管理体系运行情况、监测机构自律情况进行总结，特别对于质量体系要求的全要素，详细说明各要素的实施情况，并明确指出存在的不足和缺失；对于监测机构的内部控制情况要重点突出和说明。根据多方式、多措施进行的外部质量监督结果，对监测活动全过程的执行情况、监测任务的完成情况、监测数据质量等关键信息进行总结，强调监测活动中行为的规范性，指明需要改进和规避的地方；强调监测任务执行过程中的时间节点，任务完成的及时率，对保障数据质量的质控手段重点说明，加强监测机构能力建设。

(四) 建立质量评价机制

按照《国家监测质量体系文件》要求，根据质量监督结果，对监测任务完成情况进行质量评价。根据体系运行有效率、数据有效率、技术审核通过率、质控结果合格率等情况，一方面对监测机构的监测任务的完成情况和数据质量进行评价，另一方面评价整个国家网监测任务完成情况和完成质量。质量评价体系通过对全过程、全要素的质量监督结果 (监测记录正确率、操作规范程度、数据上报及时率、任务完成率等) 对监测任务完成质量进行评价。有理有据地保证监测数据的可靠性、准确性、权威性，并为环境管理提供科学、有力的技术支撑。

（五）质量评价体系

根据目前土壤监测现状，存在监管缺失、有关制度空白、技术文件信息不完整等问题，亟须加强相关能力建设。

1. 加快土壤监测信息平台建设

土壤建设在点位布设、样品采集、样品制备等环节存在监管缺失，总站正在积极准备土壤监测信息平台建设。通过土壤监测信息平台，可以实现监测信息远程审核、监测现场实时监控、样品信息保密存储、监测数据智能化筛选和分析等功能，实现对土壤监测全过程的有效监督和管理，从而推进监测系统智能化建设。

2. 建立健全质量评价体系

目前，环境监测质量监督体系中并没有质量评价有关内容，质量评价体系一直是质量监督中的空白，建立完善的质量评价体系是保证监测数据准确可靠的重要依据。依据质量评价结果，对监测机构实施表彰、整改、处罚等行政管理手段，并对监测任务有针对性地进行调整和完善，以提高监测完成质量。

3. 完善监测技术体系

监测技术是整个监测活动的重要支撑，是监测数据质量的重要基础。目前，我国监测技术相关标准相对还存在不足，标准之间存在不一致等内容。根据国家监测网的任务要求，需要对监测技术体系进行深入的研究、开展方法的比对工作以及方法制定、修订，从而完善监测技术体系。

二、样品的采集与制备

土壤样品的采集和制备是土壤分析工作的一个重要环节，采集有代表性的样品，是测定结果能如实反映土壤环境状况的先决条件。实验室工作者只能对来样的分析结果负责，如果送来的样品不符合要求，那么任何精密仪器和熟练的分析技术都将毫无意义。因此，分析结果能否说明问题，关键在于样品的采集和处理。

(一)土壤样品的采集

1.收集基础资料

为了使采集的样品具有代表性,首先必须对监测的地区进行调查,收集以下基础资料。

第一,监测区域的交通图、土壤图、地质图、大比例尺地形图等资料,供制作采样工作图和标注采样点位用;

第二,监测区域土类、成土母质等土壤信息资料;

第三,收集土壤历史资料;

第四,监测区域工农业生产及排污、污灌、化肥农药施用情况资料;

第五,收集监测区域气候资料(温度、降水量和蒸发量)、水文资料。

2.布设采样点

大气污染型土壤监测单元和固体废物堆污染型土壤监测单元以污染源为中心放射状布点,在主导风向和地表水的径流方向适当增加采样点;灌溉水污染监测单元、农用固体废物污染型土壤监测单元和农用化学物质污染型土壤监测单元采用均匀布点;灌溉水污染监测单元采用按水流方向带状布点,采样点自纳污口起逐渐由密变疏;综合污染型土壤监测单元布点采用综合放射状、均匀、带状布点法。由于土壤本身在空间分布上具有一定的不均匀性,所以应多点采样并均匀混合成为具有代表性的土壤样品;根据采样现场的实际情况选择合适的布点方法。

3.准备采样器具

第一,工具类:铁锹、铁铲、圆状取土钻、螺旋取土钻、竹片以及适合特殊采样要求的工具等。

第二,器材类:罗盘、相机、卷尺、铝盒、样品袋、样品箱等。

第三,文具类:样品标签、采样记录表、铅笔、资料夹等。

第四,安全防护用品:工作服、工作鞋、安全帽、药品箱等。

第五,采样用车辆。

4.确定采样频率

监测项目分常规项目、特定项目和选测项目。常规项目是指《土壤环境质量标准》中所要求控制的污染物。特定项目是指《土壤环境质量标准》中未要求控制的污染物，但根据当地环境污染状况，确认在土壤中积累较多、对环境危害较大、影响范围广、毒性较强的污染物，或者污染事故对土壤环境造成严重不良影响的物质，具体项目由各地自行确定。选测项目一般包括新纳入的在土壤中积累较少的污染物、由于环境污染导致土壤性状发生改变的土壤性状指标以及生态环境指标等。常规项目可按实际情况适当降低监测频次，但不可低于5年一次，选测项目可按当地实际情况适当提高监测频次。

5. 确定采样类型及采样深度

（1）土壤样品的类型

①混合样

一般了解土壤污染状况时采集混合样品。将一个采样单元内各采样分点采集的土样混合均匀制成。对种植一般农作物的耕地，只需采集0~20 cm耕作层土壤；对于种植果林类农作物的耕地，应采集0~60 cm耕作层土壤。

②剖面样品

特定的调查研究监测需了解污染物在土壤中的垂直分布时，需采集剖面样品，按土壤剖面层次分层采样。

（2）采样深度

采样深度视监测目的而定。一般监测采集表层土，采样深度为0~20 cm。如果需了解土壤污染深度，则应按土壤剖面层次分层采样。土壤剖面是指地面向下的垂直土体的切面。典型的自然土壤剖面分为A层（表层，淋溶层）、B层（亚层，沉积层）、C层（风化母岩层，母质层）和底岩层。地下水位较高时，剖面挖至地下水出露时为止；山地丘陵土层较薄时，剖面挖至风化层。

采样土壤剖面样品时，剖面的规格一般为长1.5 m、宽0.8 m、深1~1.5 m，一般要求达到母质层潜水处即可。将朝阳的一面挖成垂直的坑壁，而与之相对的坑壁挖成每阶为30~50 cm的阶梯状，以便上下操作，表土和底土分两侧放置。根据土壤剖面颜色、结构、质地、松紧度、植物根系分布等划分土层，并进行仔细观察，将剖面形态、特征自上而下逐一记录。随后在各层最典型的中部自下而上逐层采样，先采剖面的底层样品，再采中层样品，最后采上层样品。在各层内分别用小土铲切取一片片土壤样，每个采样点的取土深度和取样量应一致。根据监测目的和要求可获得分层试样或混合样，用于重金属分析的样品，应将与金属采样器接触部分的土样弃去。对 B 层发育不完整（不发育）的山地土壤，只采 A、C 两层。

6.确定采样方法

采样方法主要有采样筒取样、土钻取样、挖坑取样。

7.确定采样量

具体需要多少土壤数量视分析测定项目而定，一般要求 1 kg 左右。对多点均量混合的样品可反复按四分法弃取，最后留下所需的土量，装入塑料袋或布袋中。

8.采样注意事项

第一，采样点不能设在田边、沟边、路边或肥堆边。

第二，将现场采样点的具体情况，如土壤剖面形态特征等做详细记录。

第三，采样的同时，由专人填写样品标签。标签一式两份，一份放入袋中，另一份系在袋口，标签上标注采样时间、地点、样品编号、监测项目、采样深度和经纬度。采样结束，需逐项检查采样记录、样袋标签和土壤样品，如有缺项和错误，及时补齐更正。将底土和表土按原层回填到采样坑中，方可离开现场，并在采样示意图上标出采样地点，避免下次在相同处采集剖面样。

9.样品编码

全国土壤环境质量例行监测土样编码方法采用 12 位码。

说明如下。

第 1～4 位数字：代表省市代码，其中省 2 位，市 2 位。

第 5～6 位数字：代表取样时间，取年份的后两位数计。

第 7 位数字：代表取样点位布设的重点区域类型，以一位数计，本次取数值 1。1 代表粮食生产基地；2 代表菜篮子种植基地；3 代表大中型企业周边和废弃地；4 代表重要饮用水源地周边；5 代表规模化养殖场周边及污水灌溉区等重要敏感区域。

第 8～9 位数字：代表样品序号，连续排列。以两位数计，不足两位的在前面加零补足两位。

第 10～12 位数字：代表取样深度，以三位数计，不足三位的在前面加零补足三位。

(二) 样品的制备

1. 制样工具及容器

第一，白色搪瓷盘。

第二，木槌、木滚、有机玻璃板 (硬质木板)、无色聚乙烯薄膜。

第三，玛瑙研钵、白色瓷研钵。

第四，20目、60目、100目尼龙筛。

2. 风干

除测定游离挥发酚、铵态氮、硝态氮、低价铁等不稳定项目需要新鲜土样外，多数项目需用风干土样。

土壤样品一般采取自然阴干的方法。将土样放置于风干盘中，摊成 2～3 cm 的薄层，适时地压碎、翻动，拣出碎石、沙砾、植物残体。

应注意的是，样品在风干过程中，应防止阳光直射和尘埃落入，并防止酸、碱等气体的污染。

3. 磨碎

进行物理分析时，取风干样品 100～200g，放在木板上用圆木棍碾碎，并用四分法取压碎样，经反复处理使土样全部通过2mm孔径的筛子。过筛后的样品全部置于无色聚乙烯薄膜上，并充分搅拌均匀，再采用四分法取其中两份：一份储存于广口瓶内，用于土壤颗粒分析及物理性质测定；另一份做样品的细磨用。

4. 过筛

进行化学分析时，一般常根据所测组分及称样量决定样品细度。分析有机质、全氮项目，应取一部分已过 2 mm 筛的土，用玛瑙或有机玻璃研钵继续研细，使其全部通过 60 目筛 (0.25mm)，用原子吸收光度法测 Cd、Cu、Ni 等重金属时，土样必须全部通过 100 目筛 (尼龙筛 0.15 mm)。研磨过筛后的样品混匀、装瓶、贴标签、编号后储存。

5. 分装

研磨混匀后的样品，分别装于样品袋或样品瓶，填写土壤标签一式两份，瓶内或袋内一份，瓶外或袋外贴另一份。

6. 注意事项

第一，制样过程中采样时的土壤标签与土壤始终放在一起，严禁混错，样品名称和编码始终不变。

第二，制样工具每处理一份样后擦抹（洗）干净，严防交叉污染。

第三，分析挥发性、半挥发性有机物或可萃取有机物无须上述制样，用新鲜样按特定的方法进行样品前处理即可。

（三）样品保存

第一，一般土壤样品需保存半年至一年，以备必要时查核之用。

第二，储存样品应尽量避免日光、潮湿、高温和酸碱气体等的影响。

第三，玻璃材质容器是常用的优质贮器，聚乙烯塑料容器也属于推荐容器之一，该类贮器性能良好、价格便宜且不易破损。可将风干土样、沉积物或标准土样等贮存于洁净的玻璃或聚乙烯容器之内。在常温、阴凉、干燥、避阳光、密封（石蜡涂封）条件下保存 30 个月是可行的。

三、土壤中水分的测定

（一）实验目的

土壤水分是土壤的重要组成部分，也是重要的土壤肥力因素。进行土壤水分的测定有两个目的：一是了解田间土壤的水分状况，为土壤耕作、播种、合理排灌等提供依据；二是在室内分析工作中，测定风干土的水分，把风干土重换算成烘干土重，可作为各项分析结果的计算基础。

（二）实验原理

土壤水分的测定方法很多，最常用的是烘干法。烘干法以质量为基础，测定土壤样品的水分含量，土壤样品于 105 ± 5 ℃下干燥至恒重，计算干燥前、后土壤重量之差值，以干基为基础，计算水分含量。本方法适用于所有形态的土壤样品，对已预处理风干的土壤样品或直接采取自野外（如田间）含水土壤样品，依照不同的程序操作。

(三) 操作步骤

1. 风干土壤试样的测定

先将具塞容器和盖子于鼓风干燥箱，105℃±5℃下烘干 1 h，稍冷，盖好盖子，然后置于干燥器中至少冷却 45 min，测定带盖容器质量 m_0，精确至 0.01 g。用样品勺将 10～15 g 风干土壤试样转移至已称重的具塞容器中，盖上容器盖，测定总质量 m_1，精确至 0.01 g。取下容器盖，将容器和风干土壤试样一并放入烘箱中，在 105℃±5℃下烘干至恒重，同时烘干容器盖。盖上容器盖，置于干燥器中至少冷却 45 min，取出立即测定带盖容器和烘干土壤的总质量 m_2，精确至 0.01 g。

2. 新鲜土壤试样的测定

先将具塞容器和盖子于 105℃±5℃下烘干 1 h，稍冷，盖好盖子，然后置于干燥器中至少冷却 45 min，测定带盖容器质量 m_0，精确至 0.01 g，用样品勺将 30～40 g 新鲜土壤试样转移至已称重的具塞容器中，盖上容器盖，测定总质量 m_1，精确至 0.01 g。取下容器盖，将容器和新鲜土壤试样一并放入烘箱中，在 105℃±5℃下烘干至恒重，同时烘干容器盖。盖上容器盖，置于干燥器中至少冷却 45 min，取出立即测定带盖容器和烘干土壤的总质量 m_2，精确至 0.01 g。

注：应尽快分析待测试样，以减少其水分的蒸发。

(四) 结果的表述

土壤样品中的水分含量，按照如下公式进行计算。

$$W_{H_2O} = \frac{m_1 - m_2}{m_2 - m_0} \times 100\%$$

式中：W_{H_2O}——土壤样品中的水分含量，%；

m_0——带盖容器的质量，g；

m_1——带盖容器及风干土壤试样或带盖容器及新鲜土壤试样的总质量，g；

m_2——带盖容器及烘干土壤的总质量，g。

测定结果精确至 0.1%。

四、土壤金属污染物的测定

(一)土壤样品的预处理方法

1.酸溶解

(1)普通酸分解法

准确称取 0.5000g(准确到 0.1 mg，以下都与此相同)风干土样于聚四氟乙烯坩埚中，用几滴水润湿后，先加入 10 mLHCl(ρ=1.19g/mL)，于电热板上低温加热，蒸发至约剩 5 mL 时加入 15 mLHNO$_3$(ρ=1.42g/mL)，继续加热，蒸至近黏稠状，然后加入 10 mL HF(ρ=1.15g/mL)并继续加热，为了达到良好的除硅效果，应经常摇动坩埚。最后加入 5 mL HClO$_4$(ρ=1.67g/mL)，并加热至白烟冒尽。对于含有机质较多的土样，应在加入 HClO$_4$ 之后加盖消解，土壤分解物应呈白色或淡黄色(含铁较高的土壤)，倾斜坩埚时呈不流动的黏稠状。用稀酸溶液冲洗内壁及坩埚盖，温热溶解残渣，冷却后，定容于 100 mL 或 50 mL，最终体积依待测成分的含量而定。

(2)高压密闭分解法

称取 0.5g 风干土样于内套聚四氟乙烯坩埚中，先加入少许水润湿试样，再加入 HNO$_3$(ρ=1.42 g/mL)、HClO$_4$(ρ=1.67 g/mL)各 5 mL，摇匀后将坩埚放入不锈钢套筒中，拧紧。放在 180℃的烘箱中分解 2h。取出，冷却至室温后，取出坩埚，用水冲洗坩埚盖的内壁，加入 3 mL HF(ρ=1.15g/mL)，置于电热板上，在 100℃～120℃温度下加热除硅，待坩埚内剩下 2～3 mL 溶液时，调高温度至 150℃，蒸至冒浓白烟后再缓缓蒸至近干，按普通酸分解法同样操作定容后进行测定。

(3)微波炉加热分解法

微波炉加热分解法是以被分解的土样及酸的混合液作为发热体，从内部进行加热使试样受到分解的方法。有常压敞口分解和仅用厚壁聚四氟乙烯容器的密闭式分解法，也有密闭加压分解法。这种方法以聚四氟乙烯密闭容器作内筒，以能透过微波的材料如高强度聚合物树脂或聚丙烯树脂作外筒，在该密封系统内分解试样能达到良好的分解效果。

微波加热分解也可分为开放系统和密闭系统两种。

第一，开放系统可分解多量试样，且可直接和流动系统相组合实现自动化，但由于要排出酸蒸汽，所以分解时使用的酸量较大，易受外环境污染，挥发性元素易造成损失，费时间且难以分解多数试样。

第二，密闭系统的优点较多：酸蒸汽不会逸出，仅用少量酸即可，在分解少量试样时十分有效，不受外部环境的污染；在分解试样时不用观察及特殊操作；由于压力高，所以分解试样很快，不会受外筒金属的污染（因为用树脂作外筒）；可同时分解大批量试样。其缺点是：需要专门的分解器具，不能分解量大的试样，如果疏忽会有发生爆炸的危险。

在进行土样的微波分解时，无论是使用开放系统还是密闭系统，一般使用 $HNO_3-HNO_3-HCl-HF-HClO_4$、$HNO_3-HF-HClO_4$、$HNO_3-HCl-HF-H_2O_2$、$HNO_3-HF-H_2O_2$ 等体系。当不使用 HF 时（限于测定常量元素且称样质量小于 0.1g），可将分解试样的溶液适当稀释后直接测定。若使用 HF 或 $HClO_4$ 对待测微量元素有干扰时，可将试样分解液蒸发至近干，酸化后稀释定容。

2. 碱融法

（1）碳酸钠熔融法（适合测定氟、钼、钨）

称取 0.5000～1.0000g 风干土样放入预先用少量碳酸钠或氢氧化钠垫底的高铝坩埚中（以充满坩埚底部为宜，以防止熔融物粘住底部），先分次加入 1.5～3.0g 碳酸钠，并用圆头玻璃棒小心搅拌，使其与土样充分混匀，再放入 0.5～1g 碳酸钠，使其平铺在混合物表面，盖好坩埚盖。移入马弗炉中，于 900℃～920℃熔融 0.5 h。自然冷却至 500℃左右时，可稍打开炉门（不可开缝过大，否则高铝坩埚骤然冷却会开裂）以加速冷却，待冷却至 60℃～80℃，用水冲洗坩埚底部，然后放入 250 mL 烧杯中，加入 100 mL 水，在电热板上加热浸提熔融物，用水及 (1+1) HCl 将坩埚及坩埚盖洗净取出，并小心用 (1+1) HCl 中和、酸化（注意盖好表面皿，以免大量冒泡引起试样的溅失）；待大量盐类溶解后，用中速滤纸过滤，用水及 5%HCl 洗净滤纸及其中的不溶物，定容待测。

（2）碳酸锂 - 硼酸、石墨粉坩埚熔样法（适合铝、硅、钛、钙、镁、钾、钠等元素分析）

土壤矿质全量分析中土壤样品分解常用酸溶剂，酸溶试剂一般用氢氟酸加氧化性酸分解样品。其优点是酸度小，适用于仪器分析测定；但对某些难熔矿物分解不完全，特别对铝、钛的测定结果会偏低，且不能测定硅（已被除去）。

先将碳酸锂—硼酸在石墨粉坩埚内熔样，再用超声波提取熔块，分析土壤中的常量元素，速度快、准确度高。

在 30 mL 瓷坩埚内充满石墨粉，置于 900℃高温电炉中灼烧半小时，取出冷却，用乳钵棒压一空穴。先准确称取经 105℃烘干的土样 0.2 g 于定量滤纸上，与 1.5 g Li_2CO_3-H_3BO_3（Li_2CO_3：H_3BO_3=1：2）混合试剂均匀搅拌，捏成小团，放入石墨粉洞穴中；然后将坩埚放入已升温到 950℃的马弗炉中，20 min 后取出，趁热将熔块投入盛有 100 mL 4%硝酸溶液的 250 mL 烧杯中，立即于 250W 功率清洗槽内超声（或用磁力搅拌），直到熔块完全熔解。将溶液转移到 200 mL 容量瓶中，并用 4%硝酸定容。吸取 20 mL 上述样品液加入 25 mL 容量瓶中，并根据仪器的测量要求决定是否需要添加基体元素及添加浓度，最后用 4%硝酸定容，用光谱仪进行多元素同时测定。

3. 酸溶浸法

（1）HCl-HNO$_3$ 溶浸法

准确称取 2g 风干土样，加入 15 mL 的 (1+1)HCl 和 5 mL HNO$_3$（ρ=1.42 g/mL），振荡 30 min，过滤定容至 100 mL，用 ICP 法测定 P、Ca、Mg、K、Na、Fe、Al、Ti、Cu、Zn、Cd、Ni、Cr、Pb、Co、Mn、Mo、Ba、Sr 等。

或采用下述溶浸方法：准确称取 2g 风干土样于干烧杯中，加少量水润湿，加入 15 mL（1+1）HCl 和 5mLHNO$_3$（ρ=1.42 g/mL）。盖上表面皿于电热板上加热，待蒸发至约剩 5 mL，冷却，用水冲洗烧杯和表面皿，用中速滤纸过滤并定容至 100 mL，用原子吸收法或 ICP 法测定。

（2）HNO$_3$-H$_2$SO$_4$-HClO$_4$ 溶浸法

其方法特点是 H$_2$SO$_4$、HClO$_4$ 沸点较高，能使大部分元素溶出，且加热过程中液面比较平静，没有迸溅的危险。但 Pb 等易与 SO$_4^{2-}$ 形成难溶性盐类的元素，使测定结果偏低。操作步骤是：准确称取 2.5g 风干土样于烧杯中，用少许水润湿，加入 HNO$_3$-H$_2$SO$_4$-HClO$_4$ 混合酸 12.5 mL，置于电热板上加热，当开始冒白烟后缓缓加热，并经常摇动烧杯，蒸发至近干。冷却，加入 5 mL HNO$_3$（ρ=1.42g/mL）和 10 mL 水，加热溶解可溶性盐类，用中速滤纸过滤，定容至 100 mL，待测。

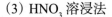

（3）HNO₃溶浸法

准确称取2g风干土样于烧杯中，加少量水润湿，加入20 mL HNO₃（ρ=1.42g/mL）。盖上表面皿，置于电热板或沙浴锅上加热，若发生迸溅，可采用每加热20 min关闭电源20 min的间歇加热法。待蒸发至约剩5 mL，冷却，用水冲洗烧杯壁和表面皿，经中速滤纸过滤，将滤液定容至100 mL，待测。

（4）Cd、Cu、As等的0.1 mol/L HCl溶浸法

土壤中Cd、Cu、As的提取方法，其中Cd、Cu的操作条件是：准确称取10g风干土样于100 mL广口瓶中，加入0.1 mol/L HCl 50.0 mL，在水平振荡器上振荡。振荡条件是温度30℃、振幅5~10 cm、振荡频次100~200次/min，振荡1h。静置后，用倾斜法分离出上层清液，用干滤纸过滤，滤液经过适当稀释后用原子吸收法测定。

As的操作条件是：准确称取10g风干土样于100 mL广口瓶中，加入0.1mol/L HCl 50.0 mL，在水平振荡器上振荡。振荡条件是温度30℃、振幅10 cm、振荡频次100次/min，振荡30 min。用干滤纸过滤，取滤液进行测定。

除用0.1 mol/L HCl溶浸Cd、Cu、As，还可溶浸Ni、Zn、Fe、Mn、CO等重金属元素。0.1 mol/L HCl溶浸法是目前使用最多的酸溶浸方法，此外也有使用CO₂饱和的水、0.5 mol/L KC1-HAc（ρ=3）、0.1 mol/L MgSO₄-H₂SO₄等酸性溶浸方法。

（二）分析记录与结果表示

1. 分析记录

第一，分析记录用碳素墨水笔填写翔实，字迹要清楚；需要更正时，应在错误数据（文字）上画一条横线，在其上方写上正确内容。

第二，记录测量数据，要采用法定计量单位，只保留一位可疑数字，有效数字的位数应根据计量器具的精度及分析仪器的示值确定，不得随意增添或删除。

第三，采样、运输、储存、分析失误造成的离群数据应剔除。

2. 结果表示

第一，平行样的测定结果应用平均数表示，低于分析方法检出限的测定结果以"未检出"报出，参加统计时按二分之一最低检出限计算。

第二，土壤样品测定一般保留三位有效数字，含量较低的镉和汞保留两位有效数字，并注明检出限数值。

第三，分析结果的精密度数据，一般只取一位有效数字，当测定数据很多时，可取两位有效数字。表示分析结果的有效数字的位数不可超过方法检出限的最低位数。

第四章　生态监测技术

第一节　生态监测理论

一、生态环境监测的原理和方法

生态环境监测是环境监测领域的一种深化与扩展，它着重于理解和分析生态系统的复杂性。这一领域的挑战在于全面监测生态系统的组成、结构和功能，多变性和复杂性使其成为一项艰巨的任务。近年来，随着生态学理论的不断发展，特别是景观生态学的迅猛进展，已为生态环境监测提供了坚实的理论基础。这些理论为生态监测指标的筛选、生态质量的评估方法以及生态系统的管理和调控提供了科学的指导和系统的框架。在生态学的基础理论中，生态系统生态学原理尤为重要，它研究了生态系统的组成元素、结构与功能、发展与演化过程，以及人类活动对生态系统的影响和调控机制。这些原理为生态环境监测提供了坚实的理论支撑。生态系统生态学的研究领域广泛，涵盖自然生态系统的保护与利用、生态系统的调控机制、生态系统退化的机理、生态修复模型与技术，以及生态系统的可持续发展和全球生态问题等。景观生态学的基础理论，例如景观的结构和功能、生物多样性、物种流动、养分再分配、景观变化、等级（层次）理论以及空间异质性等原理，已经成为生态环境监测的核心思想。这些理论从宏观层面揭示了生物与其环境之间的相互关系和作用规律，为自然资源的有效保护和合理利用提供了科学依据，并为生态环境监测奠定了理论基础。

在监测技术与方法方面，鉴于生态监测的显著空间特性，实际监测工作不仅依赖传统的物理、化学和生物监测技术，而且需要广泛应用现代遥感监测技术。此外，综合运用地理信息系统（GIS）和全球定位系统（GPS）等先进技术手段，是实现有效监测的关键。这些方法的综合运用，为全面、准确地监测和评估生态环境的状态和变化提供了有效的技术支持。

二、生态环境监测的任务

生态环境监测的核心使命在于对生态环境的现状、变迁以及人类活动引发的关键生态问题进行持续的动态观察。此外，对于受损或退化的生态系统，在人类干预和恢复过程中进行深入监测至关重要。通过长期的数据序列积累，建立精确的数学模型，以研究生态环境状态以及各类生态问题的发展规律和趋势，为未来的预测、预报和影响评估提供坚实基础。此举旨在探索与国情相符的资源开发和治理模式，为国家和地方政府、部门以及社会各界在生态保护、科研和问题防控方面提供可靠数据和科学依据。通过这些措施，我们旨在有效保护和改善生态环境质量，促进国民经济的持续和协调发展。

具体来说，生态环境监测的主要任务包括以下几个方面。

①对人类活动影响下的生态环境组成、结构和功能的现状和动态进行监测，综合评估生态环境质量的现状与变化趋势，以揭示生态系统退化或损害的机制，并预测其未来发展方向。

②监测自然资源的开发利用活动、重要的生态环境建设工程以及生态破坏恢复工作所引致的生态系统组成、结构和功能的变化，评估这些活动对生态环境的影响，目的在于实现自然资源的合理利用、保护生存性资源及生物多样性。

③对人类活动引发的重要生态问题在时间和空间上的动态变化进行监测，如城市热岛效应、沙漠化、富营养化等，以评估其影响范围和程度，分析问题的成因、机理以及发展规律和趋势，并通过建立数学模型，探索预测和预报方法，研究生态恢复和重建的路径。

④监测生态系统中的生物和环境要素特征，以揭示其动态变化规律，评价主要生态系统类型的服务功能；开展生态系统健康诊断和生态风险评估，以保护生态系统的完整性和再生能力。

⑤监测环境污染物在生物链中的迁移、转化和传递过程，以分析并评估其对生态系统组成、结构和功能的影响。

⑥长期连续地开展区域生态系统的组成、结构、格局和过程监测，积累生物、环境和社会等各方面的监测数据，通过分析和研究，揭示区域乃至全球尺度生态系统对全球变化的响应，以保护区域生态环境。

⑦支持政府部门制定与生态和环境相关的法律法规，通过建立并完善行政管理标准体系和监测技术标准体系，为开展生态环境的综合管理提供行政、法律和技术基础。

⑧支持和参与国际上一些重要的生态研究及监测计划，合作开展生物多样性变化、多种空间尺度的生物地球化学循环变化、生态系统对气候变化及气候波动的响应以及人类—自然耦合生态系统等的监测与科学研究。

三、生态环境监测的特点

生态环境监测作为一门综合性的科学领域，展现出独特的特性，主要包括综合性、长期性和复杂性三个方面。

(一) 综合性

生态环境监测的综合性体现在其多元化的监测内容和方法上。自然环境中的水、土、气、生物等要素间存在复杂的相互作用。这些要素的种类繁多，空间分布差异显著，与此同时，受人类活动影响的社会环境也呈现多重性和不确定性。因此，生态监测的任务不只监测单一的生物要素，还包括水、土、气等其他环境要素，以及受人类活动影响的社会要素。

在数据的获取和处理方面，生态环境监测涉及遥感监测数据、地面监测数据、调查与统计数据等多种来源，这些数据在来源、结构和专业性上存在巨大差异。有效的生态监测需要将这些多源异构的数据进行综合分析，采用科学的方法进行综合评估，以真实、客观地反映生态环境的现状、变化趋势和发展动态。

此外，许多生态效应是由多个因素的综合作用产生的。例如，在水体污染问题中，往往涉及多种污染物的共存。生态环境监测能够综合反映这些污染物的耦合作用，而传统的理化监测方法则难以展现这种复杂性。

(二) 长期性

生态环境的演变是一个缓慢且长期的过程。由于生态系统具有自我调节的特性，短期内的监测结果往往无法准确反映其实际状态。生态环境的变化通常不会在短时间内突然显现，而是通过持续的量变积累最终引发质变。

因此，只有通过长期、持续的监测，收集长时间序列和多空间尺度的数据，才能深入理解和揭示生态环境的演变规律和发展趋势。

（三）复杂性

生态环境是一个庞大且复杂的动态系统，其组成要素之间存在着相互依赖、相互促进和相互制约的多种关系。人类活动对生态系统的干扰使得生态变化过程更加复杂。在进行生态监测时，区分自然演变过程与人为干扰的影响效应是极为复杂的任务。随着人类对生态过程认识的深入，对生态环境变化规律的掌握也逐渐变得清晰。因此，生态监测是一项涉及多学科、多部门，且极其复杂的系统工程，其目标在于全面理解和解释生态环境的动态变化和演进过程。

四、生态环境监测的内容

生态环境监测是一项复杂而全面的任务，旨在对生态环境的整体进行深入分析与评估。监测对象从层次上可细分为五个主要层面：个体、种群、群落、生态系统和景观。监测内容主要包括两大领域：自然环境监测和社会环境监测，涵盖了环境要素监测、生物要素监测、生态格局监测、生态关系监测和社会环境监测等关键方面。

（一）环境要素监测

环境要素监测的对象是生态环境中的非生命成分。它包括对自然环境因素（如气候条件、水文条件、地质条件等自然要素）的监测，以及对人类活动影响下的环境因素（如大气污染物、水体污染物、土壤污染物、噪声、热污染、放射性污染、景观格局等）的监测。这种监测旨在评估和理解人类活动对环境的影响，以及自然环境的动态变化。

（二）生物要素监测

生物要素监测的对象是生态环境中的生命成分，主要包括对生物个体、种群、群落，生态系统的组成、数量、动态进行的统计、调查和监测，以及对污染物在生物体中迁移、转化和传递过程中含量及其变化的监测。此类监

测工作有助于揭示生物多样性的现状、趋势和潜在威胁。

（三）生态格局监测

生态格局监测是对特定区域内生物与环境构成的生态系统的组合方式、镶嵌特征、动态变化以及空间分布格局的监测。这有助于识别和理解生态系统的结构、功能和空间分布，以及这些因素随时间的变化。

（四）生态关系监测

生态关系监测的对象是生物与环境之间的相互作用及其发展规律。此类监测涵盖对自然生态环境（例如自然保护区）的监测，以及对受干扰、污染或经过恢复、重建、治理后的生态环境的监测。其目的在于理解生态系统的演变过程、功能和发展趋势。

（五）社会环境监测

人类是生态环境的主体，但人类本身的生产、生活和发展方式也在直接或间接地影响生态环境的社会环境部分，反过来再作用于人类这个主体本身。因此，对社会环境，包括经济、文化等进行监测，也是生态监测的重要内容之一。

五、生态环境监测的类型

生态环境监测是一项关键的科学活动，用于观察和分析各种生态系统及其在自然和人为因素影响下的变化。不同的监测类型反映了生态环境监测领域的多样性和复杂性。从生态环境监测的发展历史来看，人们在划分生态环境监测类型的时候方法很多，各有侧重。

（一）按照不同生态系统进行划分

据生态系统的不同类型，生态监测可分为森林生态监测、草原生态监测、湿地生态监测、荒漠生态监测、海洋生态监测、城市生态监测、农村生态监测等类型。每种类型的监测旨在深入了解特定生态系统的组成、结构、动态变化，以及人类活动对其造成的影响。这种分类突出了在不同生态系统层面上进行的监测活动的重要性，有助于全面理解和管理生态资源。

（二）按照不同空间尺度进行划分

1. 宏观生态监测

宏观生态监测在更大的空间尺度上监测生态环境状况、变化及人类活动对生态环境的时空影响，宏观生态监测一般采用遥感技术、地理信息系统（GIS）和全球定位系统（GPS）等空间信息技术，以获取广泛的遥感监测数据。此外，通过区域生态调查和生态统计的方法也可获得宏观层面的地面监测数据。

2. 微观生态监测

微观生态监测覆盖从几个生态系统组成的景观生态区到单一生态类型的范围。它通常基于众多生态定位监测站，通过物理、化学和生物学方法获取生态系统组分的详细信息。微观生态监测可进一步细分为干扰性、污染性、治理性和生态环境质量综合监测，使用的方法包括生物群落调查法、指示生物法和生物毒性法等。

（三）按照不同目的属性进行划分

生态监测可以根据其目的属性分为综合监测和专题监测。综合监测旨在获取生态环境质量的全面视图，涉及对多种生态要素的监测与调查，并通过综合性数学模型来量化其结果。而专题监测则聚焦于特定的生态问题或活动，如资源开发、生态建设、生态破坏和恢复等，分析其影响范围、程度和成因。

（四）按照不同技术方法进行划分

根据所使用的技术方法，生态监测可以划分为生态遥感监测和生态地面监测两大类。生态遥感监测通过分析生态系统各组分发出的电磁波信息来识别其属性，常用于宏观监测。而生态地面监测则侧重于系统地对一定区域内的生态环境或组合体的类型、结构和功能进行地面测定和观察，以评估人类活动和自然变化对生态环境的影响。

六、生态环境监测的发展趋势

生态环境构成了人类生存与发展的根本平台，其保护不仅是关乎公众健康的基础性民生工程，而且是维系社会和谐与可持续发展的关键。在此背景下，生态环境监测作为政府宏观管理与决策的核心支撑，承担着监测、预警、评估等多重功能。其不仅为生态保护和环境监管提供技术支撑，还对工程建设和资源开发活动的生态影响实施技术监督，并为政府生态与环境保护策略的制定提供指导。在当前的历史背景下，我国生态监测领域正面临加速发展的战略机遇期。为响应建设生态文明的号召，并在塑造美丽中国的进程中发挥核心作用，生态监测的发展呈现以下趋势。

①国家层面将逐步构建统一的生态环境监测网络，实现地面监测技术与"3S"（遥感、地理信息系统、全球定位系统）技术的有机结合，从宏观和微观角度全面评估生态环境状况。

②将形成天地一体化的生态监测技术体系，技术方法将趋向标准化、规范化、自动化和智能化，以提高监测数据的可靠性、连续性和代表性。监测仪器和设备也将向多功能、集成化、系统化方向发展，实现从劳动密集型向技术密集型的转变。

③生态环境综合评价技术将得到进一步完善，从现状与变化评价逐渐转向生态风险评价，增强对生态变化趋势的预测和预警能力。

④计算机技术将推进遥感监测、地面定点监测、调查与统计数据的有机结合，生态监测业务化平台的数字化、网络化和智能化水平将大幅提升。

⑤在国际合作与交流方面将更加密切，大型生态监测和科研项目的实施更为频繁，区域间生态监测信息的联网共享将成为现实。

第二节　大气污染与水污染生态监测

一、大气污染的生态监测

(一) 植物污染症状监测法

1. 监测二氧化硫（SO_2）

受二氧化硫伤害后，植物会呈现一系列初期症状。这些包括叶片轻微失水，表面失去原有的光泽，以及暗绿色的水渍状斑点出现。叶面可能伴随微量水珠的渗出并出现轻微起皱。这些症状可能单独或同时出现。随着时间推移，上述症状会进一步发展，表现为更明显的叶绿素流失，叶片呈现灰绿色，逐步失水干枯，最终导致显著的坏死斑。

在阔叶植物中，典型的急性中毒表现为叶脉间不规则的坏死斑。严重损伤可能导致斑点发展为条状或块状坏死，健康组织与损伤组织之间常有一过渡带。对于单子叶植物，二氧化硫损伤通常在平行叶脉间显现为斑点状或条状的坏死区。而针叶树的受损表现则从针叶尖端开始，逐渐向下发展，呈现红棕色或褐色。

2. 监测氟化物

植物受到氟化物污染时，典型的症状是叶尖和叶缘坏死，伤害区与非受损区之间常见一条红色或深褐色的分界线。氟化物污染对新生嫩叶尤为有害，常导致枝梢顶端枯死。氟伤害可能伴随着叶绿素流失和提前落叶的现象，进而抑制植物的生长，并对其结出果实的过程产生不良影响。

3. 监测光化学烟雾

(1) 臭氧 (O_3) 的监测

植物受臭氧急性伤害后，其叶片上通常出现细小、密集的点状斑点。这些斑点在叶片上分布均匀，形状和大小规则，初期呈银灰色或褐色。随着叶片老化，这些斑点逐渐脱色，最终转变为黄褐色或白色。

(2) 过氧酰基硝酸酯类 (PAN) 的监测

PANs 诱发的早期症状是植物叶片背面可能出现水渍状或亮斑。随着伤害加剧，叶片背面的气孔附近细胞开始崩溃，被气窝所取代，导致叶片背面呈银灰色，并在两三天后变为褐色。PANs 暴露的显著症状之一是在最幼嫩、对 PAN 敏感的叶片尖端出现"伤带"。

(3) 氮氧化物 (NO_x) 的监测

NO_x 对植物的伤害表现为叶脉间和近叶缘处组织的不规则白色或棕色解体损伤。

(4) 乙烯 (C_2H_4) 的监测

乙烯对植物的影响是多方面的，不同于其他污染物直接导致的叶片破坏。其一种特殊效应是促使叶片"偏上生长"，即叶柄上下两边的生长速度不一致，从而导致叶片下垂。乙烯还会引起叶片、花蕾、花朵及果实的脱落，进而影响某些农作物的产量和花卉的观赏效果。

（5）氨（NH$_3$）的监测

NH$_3$ 对植物的损害通常呈脉间点状或块状伤斑。中龄叶片对 NH$_3$ 特别敏感，受损叶片会变暗绿色，进而转为褐色或黑色。伤斑与健康组织之间的界限明显。此外，症状通常较早出现且迅速稳定。

（6）氯气（Cl$_2$）的监测

Cl$_2$ 对植物的伤害大多呈脉间点状或块状伤斑，正常组织与受损组织间的界限模糊，可能有过渡带。一些植物在叶缘附近先出现深绿色至黑色斑点，随后变为白色或褐色。严重损害时可能导致整片叶子失绿、漂白甚至脱落。针叶树种亦可能出现叶尖枯斑或斑迹。

（二）指示植物监测法

1. 监测二氧化硫（SO$_2$）的指示植物

用于监测 SO$_2$ 污染的生物指示植物包括：一年生早熟禾、芥菜、堇菜、百日草、欧洲蕨、苹果、美国白蜡树、欧洲白桦、紫花苜蓿、大麦、荞麦、南瓜、美洲五针松、加拿大短叶松、挪威云杉等，此外还有苔藓和地衣等植物。

2. 监测氟化氢（HF）的指示植物

用于监测 HF 污染的生物指示植物是对氟化氢极为敏感的植物，如唐菖蒲，通常被用作生物监测器。其他可用于氟化氢污染监测的植物包括金荞麦、葡萄、玉簪、玉米、烟草、苹果、郁金香、金钱草、山桃、榆叶梅、紫荆、杏、落叶杜鹃、梓树、北美黄杉、美洲云杉、美国黄松、小苍兰、欧洲赤松、挪威云杉等。

3. 监测过氧乙酰基硝酸酯（PAN）的指示植物

用于监测 PAN 的植物包括：矮牵牛、瑞士甜菜、菜豆、番茄、长叶莴苣、芹菜、燕麦、芥菜、大丽花及一年生早熟禾等植物。

4. 监测乙烯（C$_2$H$_4$）的指示植物

用于监测 C$_2$H$_4$ 的指示植物以洋玉兰最为有名，其他可用作乙烯指示植物的包括芝麻、番茄、香石竹、棉花、兰花、石竹、茄子、辣椒、向日葵、蓖麻、四季海棠、含羞草、银边翠、玫瑰、香豌豆、黄瓜、万寿菊、大叶黄杨、瓜子黄杨、楝树、刺槐、臭椿、合欢、玉兰、皂荚树等。

5. 监测氨气（NH_3）的指示植物

用于监测 NH_3 的指示植物包括：向日葵、悬铃木、枫杨、女贞、紫藤、杨树、虎杖、杜仲、珊瑚树、薄壳核桃、木芙蓉、楝树、棉花、芥菜、刺槐等。

6. 监测氯气（Cl_2）的指示植物

用于监测 Cl_2 的指示植物包括：芝麻、荞麦、向日葵、萝卜、大马蓼、藜、万寿菊、大白菜、菠菜、韭菜、葱、番茄、菜豆、冬瓜、繁缕、大麦、曼陀罗、百日草、蔷薇、郁金香、海棠、桃树、雪松、池柏、水杉、薄壳核桃、木棉、樟子松、紫椴、赤杨、复叶槭、落叶松、火炬松、油松、枫杨等。

7. 监测二氧化氮（NO_2）的指示植物

用于监测 NO_2 的指示植物包括：悬铃木、向日葵、番茄、秋海棠、烟草等。

（三）地衣、苔藓监测法

地衣与苔藓因其广泛分布及对若干污染物特别是二氧化硫（SO_2）和氟化氢（HF）的高度敏感性而成为重要的生物指示器。研究显示，当 SO_2 的年平均质量浓度达到 0.04～0.3 mg/m³ 时，地衣可能全面消失；而大气中 SO_2 质量浓度超过 0.05 mg/m³ 时，大部分苔藓类植物会难以存活。

地衣是由真菌和藻类共生形成的，其对 SO_2 的敏感部位主要集中在疏松的菌丝和藻类共生体部分。在工业城市中，地衣的种类随离市中心的距离增加而增多；重污染区域多见壳状地衣，而随着污染程度的降低，叶状地衣开始出现；在轻度污染地区，叶状地衣的数量最多。因此，地衣和苔藓可作为大气污染的指示生物，通过调查树干上的地衣和苔藓种类及数量来估计大气污染程度。

1. 种类分布调查

种类分布调查的步骤和方法有下列几种。

（1）生长型调查

地衣可分为叶状、壳状和枝状三种生长型。地衣对大气污染的耐受能力是壳状地衣＞叶状地衣＞枝状地衣。通过调查监测区域不同生长型地衣的分布情况，大气污染程度可分为四级：①极重污染区（无地衣）；②重污染

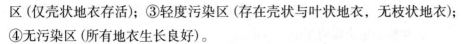

区（仅壳状地衣存活）；③轻度污染区（存在壳状与叶状地衣，无枝状地衣）；④无污染区（所有地衣生长良好）。

（2）种属分布调查

种属分布调查包括当地种属的分布、数量、生长状况、敏感种类的消失情况、分布数量的变化、敏感种类的生长发育状况等。

（3）含量分析

含量分析，是指选择具有较强污染抗性及吸附能力的地衣种类，并对其体内污染物质的含量进行分析。

（4）用盖度和频率进行评价

地衣的盖度通常用地衣覆盖树皮的面积来表示。由于地衣在树干上多形成纵向的带状群落，因此也可以采用地衣生长的宽度与树干周长的比率进行表示。这种比率可以分为四个等级，每个等级占25%，以此分类更为合适。在调查中，应当分别记录各类及总体地衣的盖度和频率，以便于最终进行全面的归纳和综合评估。

2. 人工移植法

人工移植法是把较为敏感的地衣或苔藓移植到监测地区进行定点监测。地衣与苔藓的移植技术各异。地衣移植时，应连同树皮一并切割，并固定于监测区相同树种的树干上。而苔藓则从无污染区切取，制成直径约5厘米的圆盘，安置于监测点树干或其他支架上，高度为8~10米，面朝污染源。苔藓亦可置于窗纱袋中，形成直径约4~5厘米的球形包，以替代圆盘。

3. 评价方法

评价方法，是指根据受损面积或长度百分比进行污染程度评估。通常，受损面积为零时被认为环境清洁，受损面积百分比小于23%被认为为相对清洁，25%~50%为轻度污染，50%~75%为中度污染，75%~100%为重度污染。同时，结合植物体内污染物含量与相应标准进行综合评价。

（四）树木年轮监测法

1. 年轮的宽度

树木年轮的宽度不仅揭示了树木的生长速度、年增材量和材质的优劣，而且是衡量外界环境因子变化的重要指标。通过测定年轮宽度的变化，可以

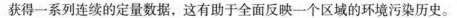

获得一系列连续的定量数据，这有助于全面反映一个区域的环境污染历史。

2.年轮中重金属的变化

树木年轮作为大气污染的"资料存储库"，能够反映环境中重金属等微量元素的历史水平变化。例如，金属矿产开采或冶炼过程中释放的重金属尘埃会沉积于周边土壤，树木在生长过程中吸收这些重金属，从而通过光谱分析年轮，可测定各年吸收的重金属含量。氟化氢气体污染对松树的影响，可在数周内通过年轮上的生长不良迹象显现。因此，运用树木或年轮化学分析是监测环境中重金属等微量元素历史水平变化的有效方法。

二、水污染的生态监测

（一）水污染的生物群落监测与生物学评价

1.水环境污染生物监测

（1）监测目的

水环境污染生物监测的目的为通过深入了解水污染对水生生物群落的影响，以准确鉴定和量化水体的污染类型及程度。此项监测的结果将作为制定有效污染控制策略的基础，以维持水环境生态系统的平衡和健康。

（2）样品采集

为确保数据的一致性和可比性，样本采集应尽可能与化学监测断面保持一致。采样点的数量将根据具体环境条件和研究需求来确定。

（3）监测方法

监测基于生物与其环境之间的相互适应关系。通过观察水生生物群落的变化，间接评估水质状况。常用的监测方法包括：

①指示生物法：此方法利用那些对水环境质量变化高度敏感、能够反映出受损状况的生物（指示生物）。通过观察和测量这些生物个体及其种群的变化，可以准确地评估环境质量。

②群落结构分析：该方法侧重于监测特定自然区域内互相依存的动植物及微生物种群的结构变化，并以此推断水质状况。

③生物测试法：此法基于污染物对水生生物造成的生理影响。通过分析生物的生理反应，可以判断水体的污染程度。

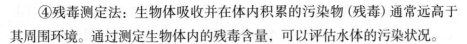

④残毒测定法：生物体吸收并在体内积累的污染物（残毒）通常远高于其周围环境。通过测定生物体内的残毒含量，可以评估水体的污染状况。

2. 生物群落监测方法

（1）水体污染的指示生物法

生物群落中生活着各种水生生物，如浮游生物、着生生物、底栖动物、鱼类和细菌等。这些生物群落的组成结构、物种多样性和数量的变化都能够直接反映水体的水质状况。这些指示生物因其对特定环境因子（如氧气、二氧化碳等）的敏感性而具有很高的生物学价值，因此成为揭示水体变化的重要指标。

（2）微型生物群落监测法

微型生物群落监测法由美国弗吉尼亚大学工程学院及州立大学环境研究中心开发。此方法基于以微型生物（尤其是原生动物）作为水生生态系统的关键组成部分的原理，通过使用聚氨酯泡沫塑料块收集水体中的微型生物，并测定其群落聚集速率。微型生物群落监测法能有效评估环境质量。最新的研究表明，微型生物群落的结构特征与高等生物群落有类似性。在遭受外界干扰时，群落平衡会被打破，其结构也相应发生变化。PFU法操作简便，通过分析少量PFU液体中的微型生物群落结构和功能参数，可有效克服单一物种监测所带来的局限，提升监测结果至整个群落水平，更加符合真实环境的客观实际。

（二）污水生物处理系统的生物监测与评价

1. 丝状细菌的优势生长

丝状细菌广泛分布于水生环境、湿润土壤和活性污泥中，包括铁细菌和丝状硫细菌等。在富含还原性硫化物的废水中，丝状细菌的增殖可能导致活性污泥凝絮体外伸展形成的"刺毛球"状絮凝体。此外，细胞曝气池内溶解氧浓度的过低或过高均可能引起污泥膨胀。在溶解氧浓度较低的条件下，由于兼性菌（如丝状细菌）能够适应低氧环境，从而其相对于其他菌种的优势增加，进而触发污泥膨胀现象。

2. 轮虫的出现

在污水处理系统有效运转、水质优良且有机物含量低的环境下，轮虫的出现通常以较少数量呈现，这反映了水质净化程度的提高。在极低含水量、老化絮凝明显且污泥碎屑增多的情况下，轮虫的大规模繁殖可能会发生，这种现象通常被认为是污泥老化的重要标志，其数量可能高达每毫升近万个。污泥的老化不仅会导致污泥量的急剧下降，同时也会对处理效果产生负面影响。

3. 固着性纤毛虫的出现

钟虫、独缩虫、累枝虫、聚缩虫和盖纤虫等固着性纤毛虫，主要通过黏液分泌在污泥絮状体上固着，并以摄取有益细菌为食。这些纤毛虫的出现通常表明污泥絮状体结构良好，且有益细菌数量处于较低水平。钟虫数量的恒定和活跃状态通常是水质处理效果良好的标志。另外，累枝虫、独缩虫、聚缩虫和盖纤虫同样被视为评估污水处理效果的重要生物指标。

4. 游泳型纤毛虫的大量繁殖

游泳型纤毛虫的大量繁殖通常预示着污泥结构发生变化，这种现象一般在活性污泥的培养中期或处理效果不佳时出现。随着污泥絮状体结构的改善，游泳型纤毛虫的数量显著减少，并伴随着出水水质的改善。在污泥中毒、负荷增加或营养缺乏的情况下，游泳型纤毛虫的数量也会增加。此外，变形虫、游离细菌和鞭毛虫的大量出现通常指示水质净化效果不理想，水中的有机物含量高。总之，当固着性纤毛虫多时，指示污水处理效果较好，浑浊度较低，它们都固着在絮状体上，其中还夹杂着一些爬行的纤毛虫类，说明优质的活性污泥已成熟，与此同时往往会出现少量的红眼旋轮虫和转轮虫。在生活和工业污水处理中，小口钟虫作为优势种通常表明处理效果良好；相反，游泳型纤毛虫成为优势种或数量突增则表示处理效果下降。

第三节　生态系统服务功能与评价

一、生态系统服务功能的概念

生态系统服务功能，作为生态学领域近年来涌现的核心概念，代表了对人类对自然资源过度开发导致的环境恶化问题（例如气候变化、臭氧层破坏、生物多样性减少、酸雨问题、森林快速减少、土地荒漠化、大气污染、水体污染、海洋污染及固体废物污染等）的深刻反思。这一概念不仅是人们对长期失调的人地关系的重新审视，同时也展示了人类在科学认识上对自然生态系统本质及其功能的全新飞跃。

生态系统服务指的是生态系统及其生态过程为人类生存所提供的必要自然环境与效益，这包括但不限于生命支持功能，如净化功能、物质循环功能、生态再生功能等。生态系统服务功能并不等同于生态系统本身的功能和所提供的服务。可以说，生态系统服务的来源是生态系统的功能，不同的生态系统服务来源于生态系统的不同功能。生态系统服务功能具体指人类从生态系统中获取的益处，这包括对人类直接影响显著的供给功能、调节功能和文化功能，以及对维持生态系统健康至关重要的支持功能。其中，供给功能包括人类从生态系统获取的各类产品，如食物、燃料、纤维、清洁水源及生物遗传资源等；调节功能是指人类从生态系统过程的调节作用获得的效益，如维持空气质量、气候调节、侵蚀控制、控制人类疾病及净化水源等；文化功能是指通过丰富精神生活、发展认知、大脑思考、消遣娱乐及美学欣赏等方式使人类从生态系统获得的非物质效益；支持功能则是指生态系统在生产和支撑其他服务功能方面的基础功能，如初级生产、氧气生成和土壤形成等。

对于人类生存和发展而言，生态系统提供的产品和服务功能扮演着至关重要的角色。在市场经济体系中，产品通常以货币的形式在市场上交易，而服务，尽管无法直接买卖，却具有不可忽视的价值。生态系统服务功能一旦遭受自然或人为破坏，就将对人类的安全、维持高质量生活的基本物质需求、社会文化关系等人类福利产生深远的影响。因此，生态系统服务功能不但能够为人类提供生存保障，而且能够综合反映一个国家的可持续发展能力。在当前的经济和社会发展阶段中，人类经常面临在维护自然资本与增加人造资本之间的抉择，并且必须在多样化的生态系统服务和自然资本的数量及质量组合之间做出选择，同时在不同的维护和激励政策措施之间进行权衡。合理评估生态系统服务和自然资本的变动，对于我们更全面地衡量一个国家的综合国力至关重要。生态系统服务与生态过程紧密相连，是自然生态系统的一个重要特性。在自然界的运作中，生态系统通过各种生态过程提供了众多服务功能。这些服务功能在时间上是持续不断的，从某种意义上讲，其总价值是无法估量的。鉴于生态系统功能对人类生存和发展的不可替代性，全人类的生存及社会的持续发展都依赖生态系统的服务功能。因此，在维护人类生存与发展的基础上，应当建设良性循环的生态系统，充分地发挥其服务功能。

尽管科学技术的发展影响着生态系统服务功能，但它们无法完全替代自然生态系统所提供的服务。例如，植物通过利用太阳能将 CO_2 转化为有机物，这些有机物可作为食品、燃料、原材料及建筑材料；生物处理技术用于分解有机废弃物，如垃圾和废水，这些都是生态系统服务功能的直接体现。此外，还有一些生态系统服务以间接方式影响人类，比如生物多样性中的"超结构"现象，它为人类提供了新的食品、纤维和药物来源。这些基于现有、可利用的品种和基因开发出的新型服务功能，正在逐步发展和完善。

二、生态系统服务功能的主要内容

(一) 生态系统生产及产品

在生态系统中，生物生产指的是生物有机体在能量和物质代谢过程中的一系列活动，其核心在于能量和物质的重新组合，以形成新的有机产物，如碳水化合物、脂肪和蛋白质等。绿色植物通过光合作用吸收太阳能并固定之，将无机物质转化为有机物质，这一过程被定义为植物性生产或初级生产。相应地，消费者（如动物）通过消耗初级生产物并通过同化作用转化为自身的有机物质，便完成了称为动物性生产或次级生产的过程。

生物生产是生态系统服务的基本功能，生态系统通过初级生产与次级生产合成与生产人类生存所必需的有机质及其产品。植物通过光合作用不仅将太阳能转化为食物链中的关键组成部分，而且为包括人类在内的所有物种提供了维持生命的基本物质。此外，生态系统也是重要的可再生生物质能源来源，全球每年约15%的能源来自生态系统，尤其在发展中国家，这一比例更是高达40%，显示了生态系统在全球能源结构中的重要地位。

(二) 生物多样性保护

生物多样性是生物机体之间的变异性及其各组成部分的生态复杂性，包括遗传多样性、物种多样性和生态系统多样性。生物多样性为人类的生存与发展提供了丰富的食物、药物、燃料等生活必需品以及大量的工业原料，如它提供人类所需的消费资料（食物、烧柴、建筑材料、渔业）和生产资料（纸浆、树脂、松香、橡胶、木材、食品、布料和医药等）。生物多样性还具有重要的科研价值，每一个物种都具有独特的作用。例如，利用野生稻与农田里的水稻杂交，培育出的水稻新品种可以大面积提高稻谷的产量；在一些人类没有研究过的植物中，可能含有对抗人类疾病的成分。

保护生物多样性的核心目标是在不减少遗传和物种多样性的前提下，避免破坏关键的生境和生态系统，从而促进生物资源的可持续利用和生物多样性的长期发展。为实现此目标，需采取多元化策略，包括政策调整、土地综合利用与管理、栖息地及物种的保护和恢复、环境污染控制、建立自然保护区、珍稀动物繁育以及建立全球性基因库等。生物多样性的维持是生态系统健康的关键标志之一，它确保了生态系统结构的合理性、功能的完整性及其稳定性。因此，注重生态系统的服务功能同时，也应加强对生物多样性的保护工作，以确保其在全球环境和人类社会中的可持续性。

（三）调节气候

自地球上出现生命以来，生物体通过其生长代谢和共同进化，塑造了适宜于人类生存的地球环境，包括适宜的大气组分、地球表面的温度、地表沉积层的氧化还原电势、pH 以及适宜的辐射光谱组成等。这些因素共同作用，以缓和极端气候条件及外层空间的不利影响对人类的影响。在生态系统中，生命体在其代谢过程中，通过呼吸作用从大气中摄取氧气，而绿色植物则通过光合作用释放氧气，从而在大气中调节氧气浓度，保障生命活动所需的基本气候条件。以森林生态系统为例，其服务功能显著。森林植物通过其发达的根系从土壤中吸收水分，并通过叶片蒸腾作用将水分释放回大气，形成局部的水循环，对区域气候产生直接的调节作用。森林生态系统在大气候和局部气候调节上的作用可概括为如下方面。

①防风和调节湿度：森林能够减弱风速，植物的蒸腾作用有助于维持空气湿度，改善当地的小气候环境。绿色植物特别是高大树木的防风、增湿、调温功能，对农业生产亦大有裨益。

②调节气温波动：森林对有林地区的气温具有良好的调节作用，使昼

夜温度不至于骤升骤降，夏季减轻干热，秋冬减轻霜冻。夏季时，浓密的树冠能够吸收、散射和反射部分太阳辐射，降低地表温度；冬季，虽然多数树叶已凋落，但密集的树枝仍可减缓地表风速、减少空气流量，从而起到保暖作用。

③碳储存与温室效应减缓：森林是全球最有效的碳储存库之一。植物每年向大气中释放的氧气量约为 27×10^2 吨。生态系统中的植物和其他生物通过对碳的吸收和储存，能够调节大气中二氧化碳的浓度，从而维持二氧化碳与氧气的动态平衡，有助于减缓温室效应。例如，我国北方建立的农田防护林带，能在树高 20 倍的距离内降低风速 25% ~ 40%、提高相对湿度 20%，从而有效防止干热风的发生。

（四）减缓灾害

生态系统以其复杂的组成和结构，发挥着关键的水文调节和灾害缓解功能。植物的多层根系及其死亡组织对土壤的固着和维护作用，有助于吸收和保留水分，特别是在雨季之后，这些保留的水分可以缓慢释放，为干旱季节下游地区提供稳定的水源。因此，森林、草原等自然生态系统常被视为天然的"水库"。

健康的生态系统，受其所处的自然地理条件和地域文化影响，由本地植物群落构成的地带性植被，通常展现出卓越的抗干扰能力，这种能力体现在其强大的适应性、对各类干扰的抵抗力和恢复力。例如，在洪水和暴雨过程中，根系吸收水分后植物叶片以蒸腾的方式将水分释放到空气中，增加大气湿度，从而调节降雨和径流，不但能减缓地表径流的强度，而且能改变降水时空分布格局，起到缓滞径流、削减洪峰、净化水质、涵养水源的作用。因此，对地理条件处于有暴发洪水危险、自然条件较差的城市，植树造林的环境效益会更加显著。因此，在经常遭受洪水威胁或自然条件恶劣的城市地区，植树造林等生态建设活动的环境效益尤为显著。此外，生态系统内的植被还能够缓解低温、热风、野火和冰凌的影响，降低噪声和辐射危害，维持地球环境的长期稳定。这些功能共同构成了生态系统在灾害缓解中的重要角色，体现了其在全球环境治理和可持续发展中的不可替代性。

(五)净化环境

1. 植物对大气污染的净化作用

工业活动、交通运输以及供暖系统是导致空气污染的主要因素，尤其在那些地形低洼、污染物难以扩散、缺乏先进的清洁生产技术的城市地区更为明显。环境污染包括有机废弃物、农药和其他化学污染物对土壤、空气和水体的污染，还包括光污染、噪声污染、热污染、尘埃、细菌、异味和辐射等对环境的影响，这些因素直接影响居住环境的质量。在应对这些污染问题时，特定的植物群落，特别是那些对污染有中等抵抗力和较高敏感度的植物，被认为是有效的生物指示器，能够吸收大气中的污染物。植物净化空气的过程首先从叶片对空气中的污染物和颗粒物的过滤作用开始，随后进行吸收。值得注意的是，植物的过滤能力与其叶面积成正比，因此树木相比于草地和灌木具有更高的空气净化效率。特别地，针叶树因其较大的比表面积和冬季不落叶的特性，在空气污染最严重的季节提供了强大的过滤能力。不过，针叶树对大气污染较为敏感。相比之下，阔叶树对硫化物(如 SO_4、SO_2)、氮氧化物(NO_x)、卤化物等污染物的吸收力很强。因此，在城市人行道、公园、城市森林等区域，种植针阔混交林能够取得最佳的空气净化效果。此外，相较于水体或裸露地面，植被具有更强的空气净化能力。因此，在城市生态规划中，应重视植被种类的选择、区域布局和结构配置，以优化其环境净化功能。

2. 土壤—植物系统对土壤污染的净化作用

土壤—植物系统是陆地生态系统的核心构成，由绿色植物及其根际土壤环境组成。这一系统在生态循环中扮演着关键角色，尤其是其内部的生物组分，如微生物，它们能够分解有机废物并转化为无机物，供植物吸收利用，维持生物地球化学循环的持续进行。绿色植物在光合作用中不仅消耗二氧化碳并释放氧气，还能净化包括尘埃、气溶胶、重金属、有机污染物及细菌在内的大气污染物，是土壤—植物系统中重要的净化成分。

随着环境污染的日益严重，土壤—植物系统被视为一种高效的生物过滤器。其净化功能涵盖：植物根系的吸收、转化、降解及生物合成能力；土壤中微生物如细菌、真菌及放线菌的分解、转化与生物固定作用；土壤有机及无机胶体的吸附、络合与沉淀作用；土壤的离子交换能力；土壤及植物的机械阻滞效果和气体扩散能力。针对不同污染物，土壤—植物系统的净化机制、效率和过程均有所不同，同时，气候和其他环境因素也在净化过程中起到关键作用。

(六) 美化与游憩

自古以来，人类就对自然产生了浓厚的兴趣与赞赏。我们认识到，保持生态系统的平衡、美化和稳定生活环境对于提高生活质量和生命质量具有至关重要的作用。除了植物，在城市环境中还存在着许多动物物种，如鸟类和鱼类，它们也能为人们带来美好的享受。通过改善和美化生态环境，生态系统有助于提高城市居民的身体和心理健康，以及生活质量。在自然环境中，人们的思维更为活跃，创造力得以激发，压力得以舒缓，心理和生理疾病也有可能得到缓解和恢复。长期生活在美化的生态环境中，人们的审美观念、艺术审美、精神追求和价值观也会受到生态环境的深刻影响。

同时，生态系统是理想的休闲娱乐场所，是进行审美活动的理想空间。自然生态系统的美学价值关涉生境与物种两大方面，其中生境之美体现在地理、生物和气候特征，而物种之美则体现在其外形、行为和生态特性。旅游活动不仅能促进社会经济发展，还能丰富个人经验，启迪思维，激发好奇心，促进人们接近自然、探索自然，从而推动科学技术和人文文明的深入发展。

三、生态系统服务功能价值及其评估

(一) 生态系统服务功能价值的特征

生态系统具有直接价值和间接价值。直接价值主要包括食物、水果、家畜、水产品和木材等方面，间接价值主要包括水土保持、气候调节、防风固沙和美学价值的生态效益等。因此，生态系统不仅是人类生产生活的物质基础，还是我们生存和发展的重要保障。综合国内外对各类生态系统服务价值的分析，我们可以归纳出以下几个关键特征。

1. 整体有用性

生态资源的价值并非仅由单一或部分要素所能体现，而是当这些要素组成生态系统后所展现出来的综合有用性。如森林生态系统的使用价值表现在改良土壤、涵养水源、调节气候、净化大气和美化环境等方面，这是森林中的林木、野生动物和土壤微生物等综合为一个有机的森林生态系统之后所表现出来的功能，而绝非单个要素所能表现出来的功能。

2. 空间固定性

生态系统是在特定地域内形成的，因此生态资源具有明显的地域性。其使用价值通常只能在特定地域及其影响范围内发挥作用，表现出明显的地域性或空间固定性。这与一般商品不受空间和位置限制的特点形成鲜明对比。

3. 用途多样性

相较于一般商品的单一使用价值，生态资源的使用价值具有显著的多样性。例如，森林生态系统在提供木材产品的同时，还能发挥调节气候、保持水土、固定二氧化碳、提供观赏旅游等多重功能。

4. 持续有用性

生态资源与一般商品在使用价值的持续性上存在显著差异。传统商品的使用价值通常随着时间的消逝和资源的消耗逐渐降低或丧失。相反，生态资源在合理利用和适度管理的前提下，能够展现出其多样化的使用价值，并具备长期持续和永续使用的潜能。这种持续性价值的特征强调了生态资源的可持续管理和利用的重要性。

5. 共享性

生态资源的使用价值显示了显著的共享特性。这意味着其价值不仅限于产出者和所有者，而且是可供任何生产者与非生产者、所有者与非所有者共同共享。生态资源的生产和管理活动通常受限于特定的地域环境，尽管其价值可能超越这些地域范围，但生产者和管理者对其控制力有限。因此，无论所有者的意愿如何，生态资源的使用价值为所有者和非所有者所共享，这与传统商品的独占性使用价值形成鲜明对比。

6. 负效益性

随着人类对生态系统中的劳动投入不断增加，我们面临一个双刃剑的局面。在人类与自然环境关系中，正确的劳动投入可以起到显著的益处。例如，它能有效地增强生态平衡，并促进资源的可持续利用。这些积极的效果实质上反映了人类与自然环境和谐共存、共同发展这一理念。但是，不恰当的劳动投入可能导致严重的生态污染，破坏自然资源，这对人类而言是有害的。例如，过度开采、污染排放等行为，会导致生态平衡受损，生物多样性减少，甚至威胁人类自身的健康和福祉。这种负面影响，或负效益，揭示了人类行为对生态系统可能产生的不利后果。因此，我们必须认识到，人类在生态系统中的每一次劳动投入，都应该是经过深思熟虑和负责任的。这不仅关乎当前的经济发展，更关乎未来世代的可持续生存。

（二）生态系统服务功能价值类型

1. 直接利用价值

直接利用价值主要是指生态系统产品所产生的价值，它包括食品、医药及其他工农业生产原料、景观娱乐等带来的直接价值。这类价值通常通过产品的市场价格进行估算。

（1）显著实物型

此类价值以生物资源提供给人类的直接产品形式出现。消耗性使用价值包括那些未经市场交易、由当地居民直接使用的生物资源产品，例如薪柴和野生食品。而生产性使用价值则指那些经过市场交易的生物资源产品，如木材、药材、鱼类、蔬菜和水果等的商品价值。

（2）非显著实物型

非显著实物型价值虽无实物形式，但为人类提供的服务是可以直接感知并消费的。这包括生态旅游、动植物园参观、观赏动物表演，以及为科学研究提供的生物、遗传、生态和地理研究对象等。

2. 间接利用价值

间接利用价值主要指生态系统的功能价值或环境服务价值，这些价值通常无法商品化。它们包括生物地球化学循环、水文循环、生物物种与遗传多样性的维持、光合作用与有机物合成、二氧化碳固定、水源保护、营养物质循环、土壤肥力保护、污染物吸收与降解，以及维持大气化学平衡与稳定等地球生命保障系统的功能。

由于生态系统功能价值服务于地方或全社会，因此其计算的生态效益价值往往高于间接价值。作为一种非实物性和非消耗性的价值，生态系统的间接经济价值在国家收益账目中往往不易体现。生态系统的间接价值与直接价值存在直接的依赖关系，直接价值常由间接价值衍生，因为动植物的生长必须得到所在环境提供的服务支持。非消耗性和非生产性使用价值的物种可能在生态系统中扮演支持消耗性或生产性使用价值物种的角色。

3. 选择价值

选择价值是指个人和社会对生物资源及其生物多样性的潜在应用前景的评估，涵盖了直接利用、间接利用、选择利用和潜在利用等多种形式。其核心特征是某一资源的利用不在当前进行，而是针对未来可能的直接或间接生态系统服务功能的支付意愿。例如，公众可能愿意为未来能够使用生态系统的水源涵养、大气净化和娱乐休闲功能支付一定费用。这种价值常被比喻为一种"保险"，即人们为确保未来对某种资源或效益的使用而愿意支付的费用。选择价值可进一步细分为三类：为个人未来利用、为子孙后代的未来利用(也称为遗产价值)，以及为他人的未来利用(亦称为替代消费)。

4. 存在价值

存在价值，亦称为内在价值，指的是人们为确保生态系统服务功能持续存在而展现的支付意愿。这种价值是生态系统本身的价值，与人类的直接利用无关，如生物多样性和水源涵养能力等。存在价值是经济价值与生态价值之间的一种过渡性价值，为经济学家和生态学家提供了一个共同的价值评估框架。这种价值强调了生态系统自身价值的重要性，独立于其对人类的直接或间接利益。

5. 遗产价值

遗产价值指的是当代社会成员为确保将来某种资源得以传承给后代而自愿承担的经济成本。这一概念体现了人们希望子孙后代能够从某种资源的存在中获益的愿望，反映出一种代际利他主义和遗产保存的动机。遗产价值常被视为一种代际替代消费形式。学术界对遗产价值的归类存在不同观点：一些学者认为它属于选择价值的范畴；另一些学者则认为它更接近存在价值，因其目的在于确保资源的长期可持续利用，而非其未来的实际使用。当前的多数文献将遗产价值作为一个独立的类别，与选择价值和存在价值并列。

6. 存在价值

存在价值，也称为内在价值，是指人们为确保某种资源的持续存在而自愿支付的成本。典型的例子包括，尤其是在工业化国家，人们为保护热带雨林或某些珍稀濒危动物的永续生存而自愿捐赠资金，即使他们没有计划亲自访问这些地区或直接利用这些资源。因此，存在价值与伦理原则和环境保护的责任息息相关。一种评估存在价值的方法包括考虑个人对全球自然保护事业的自愿捐款。存在价值代表着经济价值与生态价值之间的一个过渡阶段，为经济学和生态学提供了共同的评估标准。

(三) 生态系统服务价值的评价

1. 市场价值法

市场价值法基于生态系统提供的商品与服务的市场价值进行经济评估。该方法在国家和地区财务记录中得到直观体现，例如森林生态系统每年所产生的木材和林副产品价值。此法首先对特定生态服务的效用进行量化评估，然后以市场价格为基准来估算其经济价值。实践中，市场价值法分为两种主要评估技术：理论效用评估法和环境损失评估法。理论效用评估法分为三个步骤：①计算某种生态系统服务功能的定量值，如涵养水源的量、CO_2 固定量、农作物增产量；②研究生态服务功能的"影子价格"，如涵养水源的定价可根据水库的蓄水成本估计，固定 CO_2 的定价可以根据 CO_2 的市场价格得出；③计算其总经济价值。环境损失评估法则考虑了生态系统破坏导致的环境损失，如土壤侵蚀量、土地退化和生产力下降所引起的经济损失。

市场价值法特别适用于那些无须额外成本支出但具有市场价格的生态服务功能评估。例如，直接在当地消耗的生态产品，尽管不涉及市场交易，但仍可根据市场价格估算其经济价值。理论上，市场价值法是最基本、最直接且应用最广泛的资源经济价值评估方法。然而，由于生态服务功能种类繁多，此方法仅关注生态系统及其产品的直接经济效益，忽视了间接效益。因此，其计算结果往往单一并难以精确量化，在实际评估过程中仍存在诸多挑战。

2. 费用支出法

费用支出法是一种从消费者角度评估环境或生态系统服务价值的方法。

该方法通过计算消费者为获取特定环境效益而支出的总费用来确定其经济价值。例如，在自然景观游憩的情境中，游憩者的总支出（包括交通费、餐饮费、住宿费、门票费、设施使用费、摄影费用、购物及纪念品费用、设备租赁费、停车费和通信费等）被用来估算森林游憩的经济价值。

3. 替代花费法

替代花费法是一种通过对比替代方案的成本来评估某些环境效益或服务价值的方法。此法以实现生态功能相同结果所需的生产成本为基础。例如，建立制氧厂以产生与森林相同数量氧气的成本，或生产化肥以补充因水土流失丧失的养分的成本。然而，某些生态系统服务（如森林的美学价值或土壤中的微量元素）无法通过技术手段替代，因此替代花费法在准确性方面存在局限。

4. 旅行费用法

旅行费用法，起源于20世纪50至60年代，是一种评估消费者从生态系统中获得效益的方法，也被称为费用支出法或游憩费用法。此法通过分析游客的旅行相关费用（如交通费、门票费、餐饮费、住宿费、设施运营费、摄影费、纪念品购买费、设备租赁费、停车费和通信费）来确定某一生态系统服务的消费者剩余价值，并据此估算服务价值。作为在发达国家最为流行的游憩价值评估标准方法之一，旅行费用法广泛用于估算生态旅游价值。鉴于生态系统服务通常不具有明确价格，消费者在享受服务时可能无须支付费用或只支付少量入场费。因此，尽管生态系统服务接近免费提供，但消费者在享受这些服务时仍需支付交通费、时间成本及其他相关费用。

5. 条件价值法

条件价值法，亦称为调查法或假设评价法，是一种模拟市场技术，旨在通过直接调查来衡量公众对生态服务功能的支付意愿。该方法利用支付意愿（Willingness to Pay，WTP）和净支付意愿（Net Willingness to Pay，NWTP）来量化生态服务功能的经济价值。在实际研究中，此方法从消费者的视角出发，在一系列假设性问题的基础上，运用调查、问卷调查、投标等手段，收集消费者的支付意愿和净支付意愿数据。综合分析所有参与者的数据，从而估算生态系统服务功能的经济价值。

条件价值法在生态系统服务功能价值评估中得到广泛应用，特别适用于那些缺乏实际市场和替代市场交易的情况，是评估"公共商品"价值的一种重要方法。它能够评价各种生态系统服务功能的经济价值，包括直接利用价值、间接利用价值、存在价值和选择价值等多个方面。此法的关键在于设计科学合理的调查问卷和调查方法，以确保收集的数据具有代表性和准确性，从而更准确地反映出生态服务功能的真实经济价值。

四、生态环境影响评价

(一) 生态环境影响评价的含义和意义

1. 生态环境影响评价的目的

生态环境影响评价的目标在于系统地预测和评估特定活动对生态环境的潜在影响。这一过程的主要目的包括：①识别和评估影响的性质、程度及其显著性，以便于作出相应的决策；②评估生态影响的敏感性及主要受影响的保护目标，以确定保护优先级；③衡量资源利用和社会价值的得失，以便于合理地资源配置和决策。

2. 生态环境影响评价的指标

(1) 生态学评估指标与基准

生态学评估着重于维护生物多样性，防止物种灭绝。评估指标包括但不限于灭绝风险、种群活力、最小可存活种群数量、有效种群规模、最小生境面积等。此外，重要生境区域、关键生态系统以及需要优先保护的生态系统、生境和生物种群的识别也属于评估的范畴。生态学评估是一种基于科学客观性的评估方法，旨在根据生态学原理对所发生的影响进行评价，以衡量该影响是否被生态系统所接受。生态学评估是对影响的真实性和可接受性进行客观评估，是当前评估中最为重要和关键的指标之一。

(2) 可持续发展评估指标与基准

可持续发展评估指标侧重于评估特定活动是否符合可持续发展战略，及其对地区或流域可持续发展的潜在影响。这包括经济、社会、环境和生态的协调发展，社会公平，以及长期稳定和代际利益平衡。资源的可持续利用性和生态的可持续性是评估的关键基准。

（3）以环境保护法规和资源保护法规作为评估基准

依据国际、国家及地区层面的环境保护法规和资源保护法规进行评估。关注法律规定的保护目标和级别、禁止的行为和活动，以及关键的法定界限。

（4）以经济价值损益和得失作为评估指标和标准

经济学评估的核心不仅仅在于量化经济价值的大小及其得失，而更重要的是对经济活动的重要性进行全面分析。这种评估涵盖了资源的稀缺性、项目或资源的唯一性，以及对基本生存资源的评价。稀缺性强调了某一资源在市场中的不易获取性，是决定其价值和重要性的关键因素。唯一性则关注资源或项目的独特性，这在评估其经济和社会价值时尤为重要。同时，对基本生存资源的评估强调了经济活动对人类基本需求满足的影响，这直接关系到社会福祉和可持续发展。因此，经济学评估不仅关注财务指标，更重视资源的战略价值和其对社会的长远影响。

（5）社会文化评估基准

社会文化评估基于社会文化价值和公众的接受程度。这涉及社会公众的关注程度、敏感群体的特殊要求、社会损益的公平性等。文化影响评估则侧重于历史性、文化价值、稀缺性、可替代性以及法定保护级别的考量。

3. 生态环境影响评价的意义

（1）保护生态系统整体性

生态系统的连续性和结构完整性对于生物多样性及环境平衡至关重要。在进行环境影响评价时，应深入探讨生态因素之间的相互作用以及系统的整体性，确保对生态系统的全面理解和保护。

（2）保护敏感目标

保护敏感目标涵盖了所有重要且需被保护的元素，特别是那些法律法规中明确规定保护的区域。这些包括特殊保护区域、生态敏感和脆弱区域、社会关注区域，以及那些环境质量未达标的区域。在开发建设项目中，必须对这些敏感目标进行周密考虑，并在生态环境影响评价中提出具体的保护措施和解决方案。

（3）保护生物多样性

生态系统不仅为各种物种的生存繁殖提供场所，还为生物进化和生物多样性的产生提供基本条件。多样化的生态系统为不同物种提供独特的生存环境，保持遗传多样性。生物多样性产生的人类文化多样性，具有巨大的社会价值，是自然生产和许多生态服务功能的源泉和基础，是人类文明重要的组成部分。生物多样性的影响评价应包括对生态系统类型的分析、重要荒地的考察、具有国家或国际重要性的自然景区评估、生态系统特征的确定，以及对生态系统影响和累积生态效应的预估。

(4) 保护生存性资源

基本生存资源是人类生存和发展的根本物质基础，同时也是区域可持续发展的关键。在生态环境影响评价过程中，应重点关注对这些资源的保护。一旦水资源、土地资源、景观等关键资源受到影响或破坏，必须采取适当措施进行恢复，尤其是植被的恢复至关重要。对于那些受到不良影响且无法改造的景观，应采取规避、掩盖等措施进行处理。

(二) 生态环境影响评价方法

生态系统评价方法主要分为两大类。第一，生态系统质量评价方法，这种方法专注于生态系统属性的信息，较少考虑其他因素。第二，社会经济视角下的生态系统评价方法，这种方法着重评估人类社会经济活动对自然环境的影响，包括生态系统结构和功能的变化及其程度，并提出保护及修复生态系统的策略。

目前，生态环境评价方法正处于不断的研究和探索阶段。大多数评价方法结合了定性描述和定量分析。具体的评价方法包括图形叠置法、生态机理分析法、类比法、列表清单法、质量指标法、景观生态学方法、系统分析法，这些方法正在迅速发展并被广泛应用。

1. 图形叠置法

图形叠置法，也称为生态图法，通过在同一张图上叠加两个或多个环境特征，构建复合图，以此来展示开发活动影响范围内环境特性的变化及影响程度。这种方法简便易用，结果直观，易于理解，但不适用于时间维度的延续预测和精确定量评价。虽然该方法需要大量资料、经费和人力，但与计算机作图和地理信息系统等技术结合使用时，其应用范围和效果将显著提高。

2.生态机理分析法

此方法基于对动植物及其生态条件的分析，预测开发项目对动植物个体、种群和群落的影响。例如，通过调查动植物的分布特征和结构变化，识别珍稀濒危物种以及具有重要经济、历史、观赏和科研价值的物种，预测新建工程对区域内动植物生长环境的影响。根据具体情况，可以综合应用生物模拟试验、生物数学模拟和计算机模拟生境技术等方法。

3.类比法

类比法在环境影响评价中的应用，是指利用现有开发项目及其环境影响的数据，来预测并分析新建工程可能产生的环境效应。这种方法并不追求全面比较两个项目，而是针对特定问题进行深入的类比分析。选择类比对象时，需考虑其在相关问题上的适用性和深入性。基于此，通过分析已稳定的现有项目对生态系统的影响，来预估新项目的生态环境效果。选择用于类比的项目时，应确保其工程特点、地理地质条件、气候因素及生物背景与新项目相似。此方法还涉及调查项目对植被、动物种群和群落的影响，以及生态功能的变化。鉴于生态环境影响的渐进性、累积性、复杂性和综合性特征，类比法成为一种重要的预测和评价手段，能够解析错综复杂的生态环境影响因果关系。

4.列表清单法

列表清单法在环境影响评价中，通过在同一表格中分别列出拟实施的开发活动和可能受影响的环境因素。每项开发活动及其对应的环境影响通过不同符号标注，以判定其相对影响程度。这种方法属于定性评价手段，操作简便，但无法提供关于环境影响程度的定量分析。因此，尽管列表清单法为评估提供了一个直观的框架，但它需要与其他定量分析方法结合使用，以获得更全面的环境影响评价。

5.质量指标法

质量指标法是通过对环境因子性质及变化规律的研究，建立起评价函数曲线，通过评价函数曲线将这些环境因子的现状值与预测值转换为统一的无量纲的环境质量指标，用 $0\sim1$ 表示。通过此法，可以计算出项目建设前后各环境因素质量的显著变化。最终，根据各因素的重要程度赋予不同权重，并综合这些变化值，以估算项目对生态环境的总体影响。

6. 景观生态学方法

景观生态学方法是通过空间结构、功能和稳定性分析来评估生态环境质量。景观的结构和功能是互相对应的，由拼块、模地和廊道三个要素构成。模地作为景观的主要背景区域，是控制环境质量的关键组成部分。在空间结构分析中，模地的识别是重点，其标准包括相对面积大、高度连通、具有动态控制功能等。拼块则通过生物多样性指数和优势度进行表征。该方法基于生态系统结构与功能一致性的原理，展现了生态环境的整体特性。

7. 系统分析法

系统分析法是解决多目标和动态问题的有效工具，在生态系统质量评价中具有重要应用价值。采用的具体技术包括专家咨询法、层次分析法、模糊综合评价法、综合排序法、系统动力学和灰色关联分析等。这些方法原则上都适用于生态环境影响评价，各具特色，能够全面、动态地分析和预测生态环境的变化趋势。

结束语

　　随着全球环境问题的不断加剧，生态环境监测技术在环境保护管理中扮演的角色也越来越重要。正确认识并充分利用这些技术，将有助于构建可持续发展的生态环境。生态环境监测技术在维护生态平衡、保护环境健康方面发挥着重要作用。通过准确获取环境数据和信息，我们可以更好地认识和管理自然环境，实现人与自然的和谐共生。

参考文献

[1] 王晓飞，伍毅，洪欣.环境监测野外安全工作指南 [M].北京：中国环境出版集团，2019.11.

[2] 王月琴，李鑫鑫，钟乃萌.环境保护与污水处理技术及应用 [M].北京：文化发展出版社，2019.06.

[3] 许鹏辉.基于持续和谐发展的环境生态学研究 [M].北京：中国商务出版社，2019.03.

[4] 崔桂台.中国环境保护法律制度 [M].北京：中国民主法制出版社，2020.05.

[5] 张艳梅.污水治理与环境保护 [M].昆明：云南科学技术出版社，2020.08.

[6] 王林林.生态环境常用法律法规汇编 [M].北京：中国法制出版社，2020.06.

[7] 蔡立哲.滨海湿地环境生态学 [M].厦门：厦门大学出版社，2020.12.

[8] 时文博，等.黄河山东水环境监测现状及发展 [M].郑州：黄河水利出版社，2020.12.

[9] 刘志强，季耀波，孟健婷，等.水利水电建设项目环境保护与水土保持管理 [M].昆明：云南大学出版社，2020.11.

[10] 傅长锋，陈平.流域水资源生态保护理论与实践 [M].天津：天津科学技术出版社，2020.06.

[11] 赵少华，王桥，王玉.城乡生态环境高分遥感监测技术与应用图集 [M].北京：中国环境出版集团，2021.12.

[12] 王朋薇.自然保护区生态旅游资源价值研究 [M].上海：上海交通大学出版社，2021.05.

[13] 董战峰，妙旭华，曾辉，等．甘肃祁连山生态文明建设研究 [M]．北京：中国环境出版集团，2021.12.

[14] 李向东．环境监测与生态环境保护 [M]．北京：北京工业大学出版社，2022.07.

[15] 崔淑静，王江梅，徐靖岚．环境监测与生态保护研究 [M]．长春：吉林科学技术出版社，2022.09.

[16] 王开德，李耀国，王溪．环境保护与生态建设 [M]．长春：吉林人民出版社，2022.05.

[17] 金民，倪洁，徐葳．环境监测与环境影响评价技术 [M]．长春：吉林科学技术出版社，2022.04.

[18] 林华影，许媛，马万征．检验检测技术与生态保护 [M]．长春：吉林科学技术出版社，2022.05.

[19] 陈亢利．环境物理学 [M]．北京：中国环境出版集团，2022.12.

[20] 付波霖，娄佩卿，唐廷元，等．湿地要素遥感监测与水文边界界定方法与应用 [M]．武汉：武汉大学出版社，2022.08.